3색 파워 푸드

토마토
마늘 녹차

3색 파워 푸드

토마토 마늘 녹차

음식이 생로병사의 비밀을 지배한다는 방송이 있었다. 이와 함께 블랙 푸드, 화이트 푸드, 레드 푸드, 그린 푸드, 옐로 푸드가 우리 몸에 좋다고 등장하였다. 그리고 이들을 포함하여 슈퍼 푸드라고 해서 음식이 단지 건강한 삶을 약속하는 것을 넘어서 수명의 연장이 가능하다고 하였다. 보약도 음식의 일종이다. 그래서 우리의 옛말에 좋은 음식은 보약이 부럽지 않다는 말이 있다. 이를 통해 알 수 있듯이 우리가 매일 먹는 식품은 바로 보약과 같다는 것이다. 그러나 알고 먹으면 높은 효과를 볼 수 있지만 제대로 알지 못하고 먹으면 효과보다는 역효과를 볼 수도 있다. 많은 식품 중에서도 오랜 기간 동안 검증되어 오고 많은 사람들에게 효과를 인정받은 토마토, 마늘, 녹차 등 3가지 식품에 대하여 영양학적 효능과 매일 먹어도 질리지 않는 요리법에 대하여 제안하고자 한다.

먹을수록 젊어지는 레드 푸드 _ **토마토**

알수록 신비한 화이트 푸드 _ **마늘**

마실수록 몸에 이로운 그린 푸드 _ **녹차**

늙고 싶지 않은가요? 오래 살고 싶나요? 건강하게 살고 싶나요?
이러한 문제를 파워 푸드가 해결해 준다.

_ 전 도 근

CONTENTS

토마토

제1부 먹을수록 젊어지는 레드 푸드

왜 레드 푸드인가?

한때 검은콩, 검은깨, 검은쌀, 현미 같은 '블랙 푸드(Black Food)' 바람이 불더니 다시 '레드 푸드(Red Food)'가 인기몰이를 하고 있다. 최근 KBS 1TV에서 방영된 연속기획 4부작 〈노화방지를 위해 먹어야 할 4가지〉를 방영하였기 때문에 화제가 되고 있다. 붉은색을 띠는 음식에 **성인병과 암을 예방**하는 성분이 있다고 하는데 그것은 한마디로 '레드 푸드'에 들어 있는 붉은 색소의 효과 때문이다. 붉은 색을 띠는 음식에는 천연 색소인 **리코펜, 카로티노이드, 안토시아닌**이 들어있는데 이 색소에는 공통적으로 노화와 암의 원인이 되는 성분을 없애는 항산화물질이 포함되어 있다. 최근 오래 사는 것보다 질병 없이 건강하고 젊게 사는 것에 대한 관심이 모아지면서 항산화물질이 많이 포함된 붉은 색소가 주목받기 시작한 것이다.

따라서 **레드 푸드의 대표적인 재료는 토마토**다. 토마토는 황금의 열매, 사랑의 과일 등으로 불리며 만병통치약으로 안 쓰이는 곳이 없다. 따라서 토마토가 왜 우리 몸에 좋은지, 좋은 토마토는 어떻게 선택하는지, 어떤 토마토 요리가 몸에 좋은지, 집에서 쉽게 만들어 먹는 토마토 요리법, 맛있는 토마토 집에서 쉽게 재배하는 법까지 모두 알아보았다.

왜 토마토인가…

Ⅰ. 토마토, 알고 먹자

레드 푸드의 대표적인 재료, 토마토. 토마토가 뜨는 이유에서부터 신선한 토마토를 고르는 방법까지 토마토에 대한 기초적인 상식들을 알아보자.

❶ 이 정도는 상식이다

•• 토마토가 뜨는 이유

토마토만큼 세계 각국의 식탁에서 골고루 사랑을 받고 있는 식품도 드물 것이다. 토마토는 이미 오래 전부터 비만, 고혈압, 당뇨병 등의 식이요법에 이용되어 왔으며, 야채이면서 과일의 특성을 고루 갖춘 우수한 알칼리성 식품이다. 서양에선 토마토가 샐러드나 요리재료로 이용되지만 한국에서는 식후 과일로 먹는 경우가 많았다.

그러나 토마토의 중요성을 인식하게 된 것은 한 때 검은콩, 검은깨, 검은쌀, 현미 같은 '블랙 푸드(Black Food)' 바람이 불더니 다시 '레드 푸드(Red Food)'가 인기몰이를 하면서부터이다. 특히 '레드 푸드'의 대표적인 과일 토마토는 최근 KBS 1TV에서 방영된 연속기획 4부작 <노화방지를 위해 먹어야 할 4가지>를 방영함에 따라 젊음을 유지시켜 주는 음식 보약으로 더욱 화제가 되고 있다.

•• 토마토의 식물적 특징

토마토는 통화식물목 가지과 여러해살이풀로 열대에서는 다년생이지만 온대지역에서는 1년생 식물로 재배되기 때문에 한해살이 풀로 취급하고 있다. 줄기의 높이는 1~2m로 가지가 많이 갈라진다. 적당한 환경조건이 갖추어지면 장기 재배가 가능하고 따라서 초장이 4~5m 이상 되는 경우도 있다. 줄기의 아랫부분에는 흰 뿌리가 나며 줄기가 땅에 닿으면 어디서나 뿌리를 잘 내려 재배가 쉬운 것이 특징이다. 줄기나 잎에는 털이 빽빽이 나고 점액이 있으며 노란색이나 흰색 꽃이 핀다. 열매는 둥글넓적하며 붉게 익는다.

●● 토마토는 과일인가 채소인가?

토마토는 가지과에 속하는 식물이기 때문에 과일로 보는 것이 옳은 것인가? 채소로 보는 것이 옳은가에 대한 이야기들이 있었다. 한때 미국에서는 토마토가 과일처럼 디저트로 식탁에 오르기도 하였지만 식사의 중요한 일부로 오르는 것이므로 채소라는 판결을 내린 적도 있다. 그런 경로를 거쳐 지금은 과일과 채소에서 한 자씩 따서 과채류로 부르기도 한다.

●● 토마토의 효능에 대한 검증 사례

미국 시사주간지 'Time'은 토마토를 21세기 최고 식품으로 선정했다. 최고의 식품이라는 것은 토마토 자체가 식물적 특성을 가지고 있다는 것과 영양이 풍부한 것은 물론 사람이 추구하고자 하는 건강을 지켜주는 보약과 같은 식품을 의미한다. 실제로 토마토는 많은 연구에 의하여 다음과 같은 효능을 인정받고 있다.

미국 하버드대 연구팀	전립선암의 발병률을 크게 감소시키는 것으로 조사
이탈리아 연구팀	1주일에 7번 이상 토마토를 먹는 사람은 거의 먹지 않는 사람에 비해 암에 걸릴 위험이 절반에 불과하는 연구결과
영국의 BBC 인터넷판	토마토에 들어 있는 성분 전체를 섭취해야만 항암효과를 기대할 수 있다는 연구결과 발표

미국 일리노이대학과 오하이오 주립대학 연구팀	리코펜 외에 토마토에 들어 있는 모든 다른 성분을 함께 섭취해야만 항암 효과가 나타난다는 사실
미국 하버드 대학 의과 대학의 에드워드 죠바누치 박사	토마토의 항암 효과를 다룬 총 72건의 연구 보고서를 종합 분석한 결과, 토마토가 전립선암, 폐암, 위암을 예방하는 효과가 있는 것이 분명하며 췌장암, 결장암, 식도암, 구강암, 유방암, 자궁경부암의 위험을 감소시키는 효과

•• 토마토의 유래

토마토는 원래 페루, 에콰도르 등 남아메리카 서부 고원지대에서 자생하던 식물이다. 16세기 무렵 포르투칼 사람들이 남미를 정복하고 나서 토마토 씨앗을 구해 귀국하여 이탈리아로 전파됐으며, 17세기 들어서면서 이탈리아를 비롯한 유럽국가에서 널리 전파되었지만 토마토를 화초(관상식물)로만 여겼기 때문에 곧바로 식용화되지는 못하다가 18세기에 들어와 이탈리아에서 식용으로 사용하기 시작하였다. 유럽 전역과 미국에서 본격적으로 재배된 것은 19세기에 들어와서이다. 현재는 전세계에서 채소 작물 중 가장 많이 재배되고 또 식재료로 많이 쓰이는 것이 바로 토마토다. 이처럼 토마토가 들어와 우리의 식탁을 지배하기까지는 불과 1~2백 년밖에 안 된다.

우리나라에 토마토가 처음으로 들어온 연대는 확실하게 알 수 없지만 1614년 이수광이 지은 '지봉유설'에 토마토가 '남만시(南蠻柿)'란 이름으로 등장한다. 따라서 국내에 토마토가 유래된 것은 1600년대 초반쯤으로 보인다. 그러나 국내에서 토마토가 재배되기 시작한 것은 불과 40~50년 전쯤으로 시설재배가 본격화된 60년대 말에서야 본격적인 재배가 이뤄졌다.

•• **토마토의 별칭**

토마토에는 유난히 생긴 것에 비하여 다양한 별칭이 붙어 있다. 그 명칭 뒤에는 여러 가지 사연이 있기 때문이다.

한국	토마토가 감처럼 생겼다고 해서 '일년감' 토마토가 중국을 거쳐 전래한 감이라는 뜻의 '남만시'
영국	'사랑의 사과(love apple)' 라고 하며, 정력에 효과가 있는 식품으로 알려져 한때 수난을 겪기도 했었다. 청교도 혁명 후 쾌락을 추구하는 행위는 모두 단죄되었던 시기였기에 크롬웰 공화 정부는 토마토에 독이 있다고 소문을 퍼뜨려 정력제인 토마토를 먹는 것을 자제했을 뿐만 아니라 심지어 토마토 재배 금지령까지 내렸다고 한다.
미국	'울프 애플' 로 부르기도 하는데 이는 토마토를 먹으면 늑대와 같은 정력을 갖는다는 뜻이 아닐까라는 추측을 하고 있다.
이탈리아	'황금의 사과' 라고도 하는데 이는 과일 중에 토마토만한 게 없으며 귀하다는 것을 의미하여 붙인 이름이다.

•• **토마토의 구조**

토마토의 과피 : 껍질은 얇을수록 좋다.

토마토의 씨 : 씨는 적을수록 좋다.

토마토의 과육 : 과육은 젤리처럼 씹을수록 맛있는 게 좋다.

② 形形色色, 맛도 다르고 크기도 다르고

• • 무게나 형태에 따른 분류

현재 국내에서 재배되고 있는 토마토는 크게 4가지 종류가 있다.

스테이크 토마토 150g	가장 많이 사용되며 과육의 상태가 좋고 크기도 커서 샌드위치나 샐러드에 넣어 먹는다.
송이 토마토 100g 내외	포도송이처럼 송이째로 수확하는 것으로 토마토 샐러드 장식용으로도 쓰인다.
방울 토마토 20g	포도알같이 작은 토마토. 샐러드에 넣어 먹기도 하고 음식의 장식용으로 쓰인다.
플럼 토마토 가늘고 긴 토마토	국내에서는 재배되지 않는 개량종으로 주로 이탈리아에서 생산된다. 과육이 알차고 씨가 적으며 풍미도 강해 으깨 농축시킨 퓌레나 토마토소스 등 가공품에 주로 쓰인다.

• • 수확기에 따른 분류

완숙 토마토	겉 표면의 붉은색이 70% 이상이 붉게 익으면 수확하는 토마토 품종
미숙 토마토	겉 표면의 붉은색이 20% 미만일 때 수확하는 미숙 토마토 품종

• • 품종에 따른 분류

토마토의 품종에는 과일의 색깔이나 무게, 과육의 두께, 과피, 수송성 등으로 서광토마토, 영광토마토, 광수토마토, 강육토마토, 광명토마토, 풍영토마토, 선명토마토, 세계토마토 등으로 나누어지고 있다.

③ 토마토 선택 방법

소비자는 좋은 채소나 과일을 고를 때 '안전하고, 신선하고, 맛있는' 것을 선호한다. 토마토를 고를 때도 마찬가지다.

•• 안전한 토마토 고르기

안전하다는 것은 농약을 덜친 것 또는 농약을 사용하지 않고 생산한 먹거리를 의미하는데 소비자가 판단하기는 불가능하다. 유기 농산물을 구입하는 방법은 다음과 같은 방법을 사용하는 것이 좋다.

한국유기농업협회(http://www.organic.or.kr/)

지난 40여 년간 우리의 농업정책은 증산 위주의 화학영농으로 일관하면서, 농민들은 자연생태계를 비롯한 환경의 괴현상에 무감각해졌으며, 유기농업에 대해서도 전혀 관심을 갖지 않았었다. 그러나 최근 3~4년 사이에 각종 공해문제가 표출되기 시작하면서 식품오염의 심각성이 자주 대두하는데다 수입농산물에 대응하기 위한 우수농산물 생산의 필요성이 절실해지게 되었다. 농협중앙회에서는 90년 초부터 조합원대상의 '영농경영기술지원단' 교육시에 유기농업을 소개하기 시작하면서 매년 2백여 개의 조합에서 유기농업경영기술지원교육이 실시되어 오늘날에는 많은 농가에서 유기농으로 농산물을 재배하고 있다.

저농약 농산물	농약을 기존 사용치의 1/2 이하로 사용해 재배한 농산물이다.
무농약 농산물	농약을 사용하지 않고 재배한 농산물을 말한다.

전환기유기농산물	1년 이상 화학비료 및 농약을 사용하지 않고 재배한 것이다.
유기농산물	3년 이상 지속적으로 농약과 화학비료를 사용하지 않은 땅에서 그러한 상태로 역시 재배한 농산물이다. 농림부에서는 바로 이 마지막 단계의 경우만을 유기농이라고 하며 이 재배방법을 유기재배라고 칭한다. 따라서 처음부터 무작정 유기농재배를 할 수 있는 것은 아니다. 무농약 단계를 거쳐 전환기유기재배를 먼저 거친후 약 2~3년이 지나야 유기 농산물로 인정받을 수 있는 것이기에 땀과 노력은 그만큼 필요하다.
유기농업	화학비료, 유기합성농약(농약 생장조절제 제초제), 가축사료첨가제 등 일체의 합성화학물질을 사용하지 않고 유기물과 자연광석 미생물 등 자연적인 자재만을 사용하는 농법을 말한다
친환경농업	농약의 안전사용기준 준수, 작물별 시비기준양 준수, 적절한 가축사료첨가제 사용 등 화학자재 사용을 적정수준으로 유지하고 축산분뇨의 적절한 처리 및 재활용 등을 통하여 환경을 보전하고 안전한 농축림산물을 생산하는 농업을 말한다.

생협(http://www.ecoop.or.kr)

생협은 유기농산물이나 안전한 먹거리를 싸게 사는 곳으로 잘 알려져 있다. 그러나 더욱 중요한 것은 생협은 투자자와 생산자, 소비자가 각각 분리되어 있는 일반 시장과 달리 우리 먹거리를 위해서 출자금을 내어 협동조합을 만들고 이용하며 그 조합을 스스로 운영하는 데 더 큰 의미가 있다고 할 것이다. 또한 기업은 이윤을 목적으로 소비자들에게 상품과 사업을 이용하게 하지만, 생협은 이용을 필요로 하는 사람들이 스스로 설립하고 운영하는 협동조합이다. 따라서 생협이란 이런 과정을 통해서 나날이 심각해지는 환경오염, 이웃과의 단절을 통한 공동체 사회의 파괴를 극복하고, 일상생활 속에서 발생하는 환경, 교육, 육아, 안전한 먹거리 등의 문제를 이웃과 힘을 합쳐 해결해 나가는 협동운동이며, 생활 속의 공동체 운동이다.

● ● 신선한 토마토 고르기

🍅 모양이 변형되거나 눌리지 않은 것이 좋다.

🍅 품종 고유의 형상을 갖고 있는 것이 좋다.

🍅 빨갛고 곱게 완숙되어 있는 것이 좋다.

🍅 표면의 갈라짐이 없는 것이 좋다.

🍅 꼭지 절단부분이 싱싱한 것이 좋다.

🍅 표면이 쭈글쭈글하지 않고 탱탱한 것이 좋다.

🍅 색이 짙은 것이 좋다.

● ● 맛있는 토마토 고르기

🍅 둥근 형태를 유지하면서 풍만하게 보이는 것이 좋다.

🍅 과색의 퍼짐이 고르며, 윤택이 흐르는 것일수록 맛있다.

🍅 과실은 눌러서 탄력이 있는 것이 좋다.

🍅 연화되지 않은 것이 좋다.

🍅 단맛이 풍부한 것이 좋다.

🍅 잘랐을 때 즙이 많은 것이 좋다.

🍅 잘랐을 때 비어있는 부분이 없이 육질이 치밀한 것이 좋다.

🍅 자를 때 과육이 부서지지 않는 것이 좋다.

🍅 외과육이 두꺼운 것이 좋다.

🍅 꼭지에 노란 별모양이 있는 것이 좋다.

당도가 높은 토마토가 맛이 좋다.
당도는 수확 전에 햇빛을 얼마나 받았는
지와 온도 등에 의하여 달라지는데 보통
당도는 4~6(brix)정도 되는데 높은 것은
8~10(brix)까지 나온다.

❹ 금쪽같은 토마토, 알뜰살뜰 끝까지 먹는 법

● ● **토마토 10배 즐기기**

살짝 익혀 먹기

토마토를 익히면 토마토에 들어 있는 항산화 성분인
리코펜이 몸에 더 잘 흡수된다. 특히 리코펜은 지용
성이기 때문에 기름에 조리했을 때 잘 흡수된다. 우리나라 식단에서는 리코펜이
부족되기 쉽기 때문에 효과적으로 섭취하는 방법에 신경 쓸 필요가 있다.

설탕 없이 먹기

생토마토를 썰어 설탕을 뿌려 먹는 경우가 많은데,
토마토를 설탕과 함께 먹으면 토마토에 함유된 비타
민 B가 설탕을 분해하는 데 쓰여 없어지고 만다. 토
마토의 비타민을 제대로 섭취하려면 설탕을 뿌리지 않고 그냥 먹는 것이 좋다.

방울 토마토 먹기

방울 토마토는 크기는 작지만 영양소는 일반 토마토와 거의 같다. 때문에 작은
방울 토마토 몇 개만 먹어도 영양소를 충분히 섭취할 수 있다. 같은 양을 먹을 경
우라면 일반 토마토보다 방울 토마토를 먹는 쪽이 영양 면에서 훨씬 유리하다.

붉은 토마토 골라 먹기

항산화 성분인 리코펜은 토마토의 붉은 부분에 들어 있다. 비타민 A를 뺀 대부분의 비타민도 붉은 부분에 많이 들어 있으므로 붉은 토마토는 그만큼 많은 영양분을 가지고 있는 셈이다. 같은 값이면 붉은 토마토를 먹는 것이 좋다.

●● 토마토 오랫동안 먹는 방법

냉장 보관

토마토를 저장하는 데 있어서 온도는 15~18°C, 습도는 85~95% 정도에서 보관하여야 품질이 우수하며 맛있게 익는다.

10°C 이하의 냉장고에서 보관하면 온도가 낮아 토마토는 익지 않고 향이 없어지며 껍질은 윤기가 나지 않고 꺼칠꺼칠해진다. 따라서 냉장고에 보관하려면 냉기가 나오는 곳과 가장 멀리 떨어진 곳이나 야채칸에 두어 가능하면 한기를 막아줄 수 있는 천으로 잘 쌓아두거나 비닐봉투에 넣어두면 좋다. 따라서 구입시에도 이렇게 보관된 것을 사는 게 좋다.

미숙과(착색이 50% 이하인 것)는 상온에서 저장하여 서서히 익는 것이 좋다.

냉동 보관

토마토를 뜨거운 물에 삶아 완전히 식혀서 지퍼백에 얇게 펴 담아서 냉동시키면
3주 정도 보관이 가능하다. 스파게티 소스나 수프 등 여러 가지 소스를 만들 때
유용하게 쓸 수 있다.

장기 보관

토마토를 장기간 보관할 경우에는 꼭지를 제거하고 큼직하게 썰어 냄비에 넣고
토마토가 흐물흐물해질 때까지 가열하여 완전히 식힌 다음, 밀폐용기에 담아 냉
장고에 보관하면 토마토 소스를 만들 때 유용하게 쓸 수 있다.

덜 익은 토마토 보관
토마토가 덜익었다고 냉장고에 보관하
면 익지 않는다. 따라서 상온에서 두어
잘 익어 붉게 변했을 때 냉장고에 보관
하면 좋다.

⑤ 토마토와 똑같은 토마토 가공품

토마토는 서양 요리에서 빼놓을 수 없는 중요한 재료이다. 생으로 먹는 것은 물론 주스, 케첩, 퓌레, 소스로 만들기도 하고 덜 익은 토마토는 피클을 만들어 먹기도 한다. 서양 요리에서 이처럼 토마토가 많이 쓰이는 이유는 토마토가 알칼리성 식품이라 고기 요리와 잘 어울리기 때문이다. 고기나 생선 등 기름기 있는 음식을 먹을 때 토마토를 곁들이면, 산성을 중화하고 소화를 촉진해 위의 부담을 덜 수 있다.

●● 토마토 소스

농축 상태의 토마토 페이스트에 물을 더해 농도를 적절히 맞춘 후 소금과 향신료 등을 혼합한 기본 소스를 말한다. 토마토 소스는 영양도 풍부하고 색도 고와서 이탈리아 요리에서 가장 기본적으로 준비해야 하는 양념이다. 특히 토마토 소스는 흔하게 구할 수 있고 만드는 법도 비교적 쉬울 뿐 아니라 입맛에 따라 다양하게 응용할 수 있어 집에서 만들어 사용하기에 적절하다.

●● 토마토 퓌레

토마토를 으깨어 걸러 농축시킨 토마토를 말한다. 요리할 때 각종 음식에 첨가해도 좋으나 소금과 향신료로 조미해서 또 한 번 가공한 토마토 소스 등에 쓰인다.

> **토마토 퓌레란?**
> 잘 익은 토마토를 물에 통째로 뭉근히 끓인 후, 체에 받쳐서 껍질, 씨를 제거한 제품이다.

•• 토마토 케첩

토마토 케첩은 토마토 케찹, 캐찹 등으로 다양하
게 표기된다. 원래 케첩이란 채소나 과일을 체로

걸러 향신료나 조미료를 가해 만든 것의 총칭인데, 토마토 케첩은 서양식 조미
료로 토마토 가공품 중 생산량이 많고, 가장 많이 쓰인다.

•• 토마토 페이스트

토마토를 여러 시간 끓인 후 농축시킨 것으로 질감이 고추장과 비슷한 제품으로
토마토 퓨레를 더욱 농축한 것으로 보면 된다. 고형 분이 24% 이상 되도록 만든
것으로 케첩의 원료로 어떤 음식에 넣어도 조화가 된다. 특히 스테이크 소스나
스파게티, 샐러드에는 거의 사용한다.

토마토 페이스트 만들고 저장하는 방법

토마토 홀이나 껍질 벗긴 토마토를 사용하고 올리브유 4술, 양파 1개, 마늘 4쪽, 오레가노 말린 것 1작은술, 바질 1작은술, 설탕 2술, 소금 약
간을 넣고 끓인다. 생토마토를 넣은 경우는 끓이면서 으깬다. 물 두 컵 정도를 넣고 그냥 끓이면 된다.
토마토 페이스트는 주로 통조림으로 판매되나 한꺼번에 다 사용하지 않고 보관하면 곰팡이가 피기 쉽다. 따라서 쓰고 남은 토마토 페이스트를
2-3일 정도의 단기간 보관하려면 남은 것을 유리밀폐용기에 옮겨 담아서 냉장 보관하는 것이 좋다. 그러나 장기간 보관하려면 지퍼백에 넣어
서 냉동고에 넣어 얼려서 보관하는 것이 좋다.

•• 토마토 홀

이태리 지방에서 나는 작고 긴 토마토를 껍질을 벗겨서 삶아 토마토즙과 함께 통
조림으로 저장한 제품으로 이태리 음식의 소스나 토핑에 사용하며 이태리 음식
의 고유한 맛을 내는 데 꼭 필요한 재료이다.

Ⅱ. 몸에 좋은 토마토, 왜 좋은가?

토마토는 만병통치약이라 할 수 있을 만큼 그 쓰임새가 많다. '토마토가 빨갛게 익으면 의사의 얼굴이 파랗게 질린다' 는 서양 속담이 있다. 토마토를 먹으면 병을 앓을 일이 없어 의사를 찾지 않기 때문이라는 얘기다. 이처럼 토마토의 효능을 단언할 정도이니 토마토에 대한 서구인들의 믿음이 얼마나 큰지 알 수 있다. 토마토를 통하여 지금까지 효과가 있다고 밝혀진 내용을 보면 다음과 같다.

❶ 최고의 저칼로리 식품, 다이어트에 강추

토마토는 여러모로 다이어트에 효과적인 식품이다. 토마토는 대표적인 저칼로리 식품으로 작은 토마토 1개(100g)의 열량이 16kcal로 100g에 148kcal인 밥과 비교하면 9배 이상 차이가 나고, 85kcal인 사과보다 5배 이상 적다. 반면 수분과 식이섬유가 많아 포만감은 상당히 큰 편이다. 때문에 식사를 하기 전 미리 토마토를 하나 먹으면 포만감을 느끼면서도 신진대사를 활발하게 하여 식사량을 줄이는 다이어트 효과를 볼 수 있다. 게다가 토마토는 비타민과 칼륨, 칼슘 등의 미네랄이 많아 다이어트 도중에 일어나기 쉬운 영양 결핍 상태를 예방할 수 있다.

●● 변비와 비만 방지

토마토는 칼륨, 칼슘 등의 미네랄이 풍부하여 체내 수분의 양을 조절하여 과식을 막아주는 역할을 하며 소화를 촉진하기 때문에 위장, 췌장, 간장의 작용이 활발해진다. 또한 토마토 속의 식이섬유는 대장 운동을 돕고 혈중 콜레스테롤을 낮추는 작용을 하기 때문에 변비와 비만을 막는 효과가 있다.

●● 부종 예방

토마토는 수분의 대사를 좋게 하는 작용이 있기 때문에 체내 수분을 조절하고 신진대사를 좋게 해서 신장의 기능이 좋지 않거나 부종이 있는 사람에게 효과가 있다.

●● 지방 소화 촉진 작용

비만이나 당뇨병 등 칼로리를 제한해야 하는 사람의 다이어트식에 효과적이다. 토마토의 펙틴성분은 공복감을 덜 느끼가 하여 식욕을 줄여준다.

② 이탈리아 사람들의 장수 비결, 노화 방지

이탈리아 사람들은 육식 위주의 식사를 하기 때문에 야채 섭취량은 우리나라 사람들보다 적다. 한국인이 이탈리아 사람들보다 몸에 좋은 야채를 더 섭취하지만 평균수명은 이탈리아 사람들이 평균 6~7세 정도 높은 편이다.

분명히 육식을 많이 하는 사람들이 단명하다고 하는데도 불구하고 이탈리아 사람들의 수명이 긴 원인은 바로 토마토 섭취량의 차이 때문으로 보고 있다. 실제로 이탈리아 사람들은 우리가 매일 먹는 밥만큼이나 매일 토마토 요리를 먹고 있다고 한다. 이처럼 토마토에는 사람들의 장수와 노화 방지에 영향을 미치는 영양소가 많이 들어 있다.

●● 노화 진행 감소

활성산소는 생체조직을 공격하고 세포를 손상시키는 산화력이 강한 산소로 인체의 노화를 유발하고 DNA를 손상시키는 물질이다. 그런데 토마토의 빨강 색소에 들어 있는 카로티노이드는 분자 속에 산소를 함유하지 않기 때문에 인체세포의 노화를 막아주는 셈이다. 또한 리코펜의 산화 방지 효과는 인체 DNA내의 위험한 인자들의 활동을 억제함으로 인해 노화 진행을 감소하는 역할을 한다.

●● **혈액 재생**

토마토에 있는 비타민 C는 혈액을 재생하는 역할과, 모세관 벽을 튼튼하게 한다. 따라서 노화된 피를 새로운 피로 바꾸어 주면서 모세관 벽을 튼튼하게 하여 신체의 노화진행을 감소시켜주는 역할을 한다. 또한 칼륨(K)은 신진대사를 촉진시키고 산성화된 혈액을 중화시키므로 허약 체질이나 빈혈을 예방하고, 피로 회복에 좋다.

●● **피로 회복 작용**

토마토에는 글루타메이트(Glutamate)가 들어 있는데 이 글루타메이트는 신체에 신속하게 대량 흡수되는 장점이 있다. 글루타메이트의 효능은 근육피로의 요인인 젖산 생성을 막아준다. 젖산은 피로를 누적하여 피부노화는 물론 신체 장기의 기능을 제대로 수행하지 못하게 한다. 따라서 글루타메이트는 피로를 줄여줄뿐만 아니라 회복하는 기능을 가지고 있어 노화를 예방하는 역할을 한다.

●● **골다공증 예방**

토마토는 노화를 막고 골다공증이나 노인성 치매를 예방한다. 특히 갱년기 이후의 여성에게 많은 골다공증은 뼈에서 칼슘이 빠져나가 생기는데 토마토에 함유된 비타민 K는 칼슘이 빠져나가는 것을 막아 골다공증을 예방한다. 그 밖에도 토마토에 함유된 비타민 A, C, E와 식이섬유 등도 노화와 골다공증 예방에 도움을 준다.

•• 피부와 모발을 아름답게

토마토에 함유되어 있는 비타민과 미네랄이 체내의 수분을 조절해 거친 피부를 생기 있고 깨끗하게 가꾸어 주는 역할을 수행한다. 그 중에서도 특히 비타민 B군은 피부와 모발 세포의 노화를 막고 윤기를 주는 작용을 하는 것으로 알려져 있다. 따라서 갱년기 여성들에게 비타민 B군은 좋은 영양소. 토마토를 생으로 먹거나 주스를 만들어 먹으면 효과가 좋다.

❸ 암예방에 탁월한 식품

한 실험 결과에서도 전립선 암세포를 주입한 쥐들에 인공합성한 리코펜을 저단위로 투여한 결과 42일 만에 암세포 증식이 50% 이상 억제되는 효과가 나타났으며 비타민 E를 함께 투여했을 때는 그 효과가 73%까지 높아졌다고 밝혔다. 리코펜은 잘 익은 토마토에 존재하는 일종의 카로티노이드 색소로 전립선암 및 유방암을 비롯한 각종 암 발생 위험을 현저히 줄여준다. 리코펜이 많은 토마토를 고르려면 가급적 붉게 익은 것을 고르는 게 좋다. 그러나 식사 때마다 토마토를 챙겨 먹는 게 쉬운 일은 아니다. 대신 시판되는 토마토 주스나 토마토 케첩을 자주 챙겨 먹어도 좋다. 항암 작용을 하는 리코펜과 비타민도 거의 손상되지 않은 채 들어 있어 생토마토를 먹는 것과 같은 항암 효과를 기대할 수 있다. 또한 식사 때 토마토 주스를 함께 마시면 토마토의 카로틴이 지방을 녹이고 소화를 도와 위의 부담도 줄어든다.

•• 유해물질 배출 효과

토마토에 함유되어 있는 P쿠마릭산과 클로로겐산은 우리가 먹는 식품 속의 질산과 결합하여 암 유발물질인 니트로사민이라는 물질이 형성되기 전에 몸 밖으로 배출하는 역할을 한다.

•• 발암물질을 억제하는 작용

토마토에 들어 있는 비타민 C는 다른 과일이나 채소에 들어 있는 비타민 C보다 발암물질을 억제하는 작용이 강하다. 특히 소금에 절인 짠 반찬이나 구운 고기를 좋아하는 사람들은 식사를 할 때 토마토를 곁들여 먹으면 좋다. 짠 음식이나 구운 고기는 암 등의 성인병을 일으키기 쉬운데 토마토는 발암물질 활동을 억제하는 작용을 하기 때문이다.

•• 동맥경화 예방

활성 산소는 핏속에 있는 콜레스테롤을 산화시켜 동맥을 굳게 하거나, 세포를 손상시켜 암이나 노화를 부른다. 토마토의 리코펜은 이런 활성 산소의 작용을 억제한다.

•• 폐암 예방작용

흡연자들은 β-카로틴의 혈장농도가 상당히 낮아지는데 이것은 담배연기 속의 유리기 농도로 인해 β-카로틴의 혈장농도가 낮아졌기 때문이다. 따라서 토마토의 카로틴(carotene)이 혈장농도를 높혀 폐암을 예방하는 역할을 한다.

④ 성장기 아이들에게 좋은 식품

•• 비타민의 보고

토마토에는 다양한 비타민이 들어 있다. 비타민은 체내에서 생성하지 못하고 외부 음식물에서 섭취해야 한다. 토마토 2개 정도만 먹어도 하루에 필요한 비타민 권장량의 대부분을 섭취할 수 있을 정도로 풍부하다.

토마토에 들어 있는 각종 비타민은 성장촉진, 눈, 상피세포의 건강유지, 질병의 저항력. 성장발육, 아미노산 대사의 조효소로서 사용된다. 또한 비타민 결핍으로 생기는 각종 질병으로부터 보호를 받을 수 있다.

비타민 A

비타민 A는 성장촉진, 눈, 상피세포의 건강유지, 질병의 저항력을 준다. 당근을 같이 섭취하면 비타민 A의 흡수율을 높여준다. 비타민 A는 열, 산, 염기에 안정적이어서 조리시 손실이 적으나 자외선과 공기 중의 산소에 의해서는 쉽게 파괴된다. 단, 비타민 C와 비타민 E 등 항산화제가 있으면 안정하다.

비타민 B_1

비타민 B_1은 포도당 연소시 필요한 조효소(T.P.P = thiamine pyrophosphate)의 구성 성분이다. 비타민 B_1은 토마토 외에도 돼지고기, 곡류의 배아, 효모, 두류, 보리, 견과류에 많이 함유되어 있다. 비타민 B_1은 열, 산에는 안정적이나 중성, 염기성 용액에서는 파괴된다.

비타민 B_2

비타민 B_2는 성장발육과 포도당의 연소과정을 돕고, 수소운반을 하며, 세포의 호흡 작용에 관여하는 효소이며, 조효소의 구성요소이다.

비타민 B_2는 토마토 외에도 말린 콩, 우유, 치즈, 간, 달걀, 녹색 채소, 살코기, 생선 껍질, 건조 효모에 많이 함유되어 있다. 비타민 B_2는 산, 열, 산화에는 안정적이나, 염기에 매우 약하고 자외선에 파괴된다.

비타민 C

비타민 C는 칼슘과 철분 흡수를 도우며, 혈액을 재생, 모세관 벽을 튼튼히 한다. 콜라겐 형성, 세포의 호흡작용에 관여하고 세균에 대한 저항력을 주어 감기를 예방하는 효과가 있다.

비타민 C는 토마토 외에도 신선한 채소와 신선한 과일류(시금치, 무청, 딸기, 감귤류)에 많이 함유되어 있다. 비타민 C는 가장 불안정한 비타민으로 열, 염기, 자외선, 금속(Fe, Cu)에 파괴되고, 공기 중에서 산화된다. 그러나 산에는 안정하다. 그리고 자신의 산화, 환원 작용으로 인하여 탄수화물, 지방, 단백질 대사에 관여한다.

비타민 A	야맹증, 안구건조증, 점막 장해	간, 우유, 난황, 뱀장어
비타민 B₁	각기병, 다발성 신경염	녹색채소, 돼지고기, 육류중의 간ㆍ내장, 난황, 어류
비타민 B₂	피부염, 구순구각염, 설염, 야맹증	우유, 간, 육류, 푸른 잎 채소, 곡류, 난류, 배아, 효모, 난백
비타민 C	괴혈병, 간염	감귤류, 토마토, 양배추, 녹황색채소, 콩나물

●●● 뇌세포 기능 촉진작용

토마토에 들어 있는 성분 중에서 신경계에서 신경 전달 물질(neurotrnsmitter)인 글루타메이트는 피로를 회복시켜 주는 작용과 함께 감각인지나 학습, 기억과 같은 기초적 과정에서 역할을 하며 뇌의 기능을 촉진한다. 따라서 토마토를 많이 먹게 되면 활발한 뇌의 활동을 촉진시키고 기억력을 오래 유지하는 역할을 수행한다.

⑤ 기 타

●● 식욕과 소화 기능을 높여주는 식품

토마토에 들어 있는 글루타메이트는 피로 회복작용 뿐만 아니라 음식의 맛을 향상시키는 조미료로 식욕을 증진한다. 또한 토마토에 있는 시트르산(Citric acid)은 청량음료의 산미료로서 이용되며, 당분의 단맛에 대해서 상쾌함을 준다. 따라서 요리의 신맛을 내는 데 이용된다.

또한 토마토에 들어 있는 유기산은 방의 연소가 왕성해지도록 도와 식욕부진과 속이 거북한 증상을 개선하며 산성 식품을 중화하는 작용도 한다. 따라서 고기나 생선 같은 기름진 음식을 토마토와 같이 먹으면 소화가 잘 된다.

●● 콜레스트롤(cholesterol)을 줄여주는 식품

콜레스테롤은 두 얼굴을 가지고 있어서 우리 몸에 꼭 필요한 역할을 하기도 하지만, 불필요한 역할도 수행한다. 특히 콜레스테롤이 너무 많으면 결국 혈액 내 지방량이 늘어나면서 혈관이 막힐 뿐 아니라 당뇨 위험도 높여준다. 따라서 나쁜 콜레스테롤이 혈관을 망치는 것은 만병의 근원인 셈이다.

토마토에 함유되어 있는 펩틴(pectin)은 수용성의 펙틴산으로 다당류의 일종으로 잼이나 젤리의 원료로 사용할 수 있다. 특히 펙틴산은 혈청 및 간장 중의 콜레스트롤(cholesterol)의 양을 저하시켜 준다.

●● 고혈압을 예방해 주는 식품

고혈압은 병명이라기보다 하나의 증세라고 보아야 할 것이다. 그러나 지속적으로 정상 범위를 넘어서서 높은 혈압이 유지되면 당뇨병과 같은 합병증을 가져오게 된다. 토마토에는 모세혈관을 강화하고 혈압을 낮추는 비타민 C와 루틴이 풍부하다. 매일 아침 공복에 신선한 토마토를 1~2개씩, 2주 정도 먹으면 고혈압을 예방할 수 있다.

토마토를 먹음으로 인하여 혈전이 생기는 것을 막아 뇌졸중이나 심근경색을 예방하는 효과가 생긴다. 토마토에 함유되어 있는 루틴의 다른 이름이 비타민 P인데 삼투압을 조절하고 모세혈관을 강하게 하는 작용을 가지고 있기 때문이다. 그래서 안저출혈이나 코피, 잇몸에서 출혈이 나는 증상의 치료에 이용되기도 한다. 또한 뇌출혈, 방사선 장해, 심계항진 예방에 효과가 있다.

●● 당뇨병 예방

토마토를 많이 먹으면 결국 고혈압을 예방하게 되고 당뇨병도 걸리지 않는다. 그러나 이미 당뇨병이 어느 정도 진행된 경우에도 셀러리나 파슬리 같은 향미 야채와 함께 먹으면 스트레스로 생긴 방광염의 증상을 가라앉히고 수박과 함께 먹으면 당뇨를 예방한다. 특히 토마토와 수박을 함께 넣어 주스를 만들어 마시면 신진대사를 촉진시켜 뇨의 양을 조절하는 효과가 있다.

당뇨병 예방하는 '토마토+수박 주스' 만들기

당뇨병을 예방하는 데도 토마토가 좋다. 토마토와 수박을 함께 넣어 주스를 만들어 마시면 신진대사를 촉진시켜 뇨의 양을 조절하는 효과가 있다. 주스를 만들 때는 토마토 1-2개와 수박 보통의 것 1/16을 섞는 양이 적당하다. 믹서기에 자른 토마토와 수박을 넣고 주스를 만들어 이것을 1-2회 마시면 갈증 해소도 되고 몸에 열이 나는 증상도 없애 준다. 만약 몸이 냉한 사람이 당뇨병에 걸린 경우라면 이렇게 갈아낸 주스를 냄비에 넣어 데워서 마시면 좋다. 토마토는 수분의 대사를 좋게 하는 작용이 있기 때문에 신장의 기능이 좋지 않은 사람이나 부종이 있는 사람에게 효과가 있다.

Ⅲ. 토마토 성분 분석

토마토는 가장 많은 수분을 비롯하여 당질, 단백질, 지질, 인, 섬유질, 칼슘과 비타민이 풍부하게 들어가 있다. 그 외에 우리 몸을 이롭게 하는 리코펜, 카로틴, 루틴이 있다.

 품고 있는 성분이 다르다

수분	당질	단백질	지질	인	섬유질
92g	3.7g	2.9g	0.3g	0.7g	0.3g

칼슘	철	비타민 A	비타민 B₁	비타민 B₂	비타민 C
0.8g	0.06g	400IU	0.008g	0.002g	0.2g

•• **당질**

당질은 탄수화물이라고도 하며 세포의 생활에 필요한 에너지의 공급원이 되는 물질이다. 당질은 토마토의 단맛을 결정하며 단맛의 성분은 과당과 포도당으로 구성되어 있다. 과당과 포도당 단당류로 더 이상 가수분해되지 않는 당으로 단맛이 있고 물에 녹는다.

당질은 우리 몸을 움직이는 주된 에너지원으로 심하게 모자라면 전신에 에너지가 부족해져 피로감이 생긴다. 특히 뇌는 포도당이 유일한 에너지원이기 때문에 뇌로 가는 포도당이 줄어들면 집중력이 떨어지고 심한 경우 의식 장애를 일으키기도 한다.

당질 부족 상태가 계속되어 오랜 기간 당질을 섭취하지 않으면 우리 몸은 혈액 속의 당 농도를 유지하기 위해 세포 속의 단백질로부터 포도당을 합성하게 된다. 그 결과 단백질 본래의 기능인 몸을 만드는 기능이 저하되기도 하고 단백질 그 자체가 분해되기도 한다. 또 기초 체력이 떨어져 쉽게 피로를 느끼게 된다.

당질을 과잉 섭취하는 상태가 계속되면 가장 먼저 비만이 나타나고 비만이 진행되면 고혈압, 고지혈, 당뇨병, 지방간 등 갖가지 성인병을 불러일으키기도 한다. 그러므로 당질은 하루에 밥 3공기 정도 분량이면 가장 적당하다. 당질은 자기도 모르는 사이에 과잉 섭취하게 되는 경우가 많지만 에너지 소모량이 그만큼 많아지면 아무런 문제가 없다. 그러므로 당질과 함께 연소시키는 비타민 B_1을 충분히 섭취해서 효율 좋은 에너지로 변환시키는 것이 중요하다.

●● 단백질

단백질은 에너지 공급원으로서 우리 몸의 삼투압 유지를 위한 수분 평형 조절을 담당하며, 혈액의 운반작용을 비롯하여 체성분의 중성을 유지하는 열할을 담당한다. 또한 호르몬, 항체, 효소 등의 구성성분이며, 총열량의 15%를 차지한다.

단백질을 부족하게 섭취하면 감염에 대한 저항력이 떨어지며 생활 환경의 위생문제까지 겹치게 되면 어린아이들은 쉽게 병에 걸리게 되어 발열, 설사, 구토 등의 증상이 나타나게 되며, 이런 증상들은 단백질의 결핍증을 더 악화시킨다. 왜냐하면 조금 섭취한 단백질까지도 신체에서 소화 · 흡수되기 전에 설사나 구토 등으로 다 배설되기 때문이다.

●● 지질

지질은 에너지의 공급원으로 체조직을 구성한다. 필수지방산과 지용성 비타민을 공급하는 역할을 하며 비타민 B_1의 절약작용을 한다. 또한 인지질과 콜레스테롤을 합성하며 지질이 과잉되면 비만증, 심장기능 약화, 동맥경화증이 발생한다. 그러나 결핍하면 신체쇠약, 성장부진이 발생한다.

굽거나 찐 토마토의 효능

굽거나 찌는 조리과정을 거쳐도 토마토의 영양성분은 거의 파괴되지 않는다. 조리된 토마토는 오히려 영양성분이 농축돼 있다. 생토마토와 토마토 케첩, 토마토 주스, 토마토 퓌레, 토마토 페이스트를 비교해 보면 토마토 페이스트의 영양성분이 가장 탁월하다.
굽거나 찐 토마토는 생토마토에 비해 칼슘과 칼륨, 비타민 A는 5배, 비타민 B₁은 4배, 비타민 B₂는 6배, 비타민 C는 2.5배가 더 많다. 반면 토마토 주스는 생토마토에 비해 비타민 C나 칼슘 등이 더 줄어든다.

토마토를 88°C에서 2분, 15분, 30분 가열했을 때의 수치의 변화

	2분	15분	30분
비타민 C	-10%	-15%	-29%
트랜스-리코펜	54%	171%	164%
시스-리코펜	6%	17%	35%
심장질환을 방지하는 효과	28%	34%	62%

❷ 이것이 우리가 토마토를 먹는 이유, 핵심 성분

●● 리코펜(Lycopen)

토마토의 가장 탁월한 성분은 리코펜(Lycopen)이다. 토마토의 붉은색을 내는 물질인 리코펜은 세포의 대사에서 생기는 활성화산소와 결합해 이를 몸 밖으로 배출하는 역할을 한다. 리코펜의 흡수과정에서 지방을 필요로 하는 기름에 잘 녹는 지용성이기 때문에 생토마토보다 기름으로 조리한 토마토를 먹거나 지방성분과 함께 먹으면 더 잘 흡수된다. 토마토 주스를 아무리 많이 마셔도 체내 리코펜 농도는 큰 차이가 없지만, 기름으로 가볍게 조리한 토마토를 먹으면 곧바로 혈중 리코펜 농도가 2~3배로 뛰어오른다. 리코펜은 토마토 외에 수박, 붉은 고추, 당근 등에도 풍부한 것으로 조사됐다.

효능

① 전립선암을 비롯한 각종 암 발생 위험을 현저히 줄인다. 우리 몸의 신진대사를 원활하게 해주고 전립선 질환의 예방에 결정적인 역할을 하는 것으로 알려져 있다.

② 활성산소는 노화를 유발하고 DNA를 손상시키는 물질로 리코펜은 산화방지 효과가 있어 인체 DNA내의 위험한 인자들을 억제한다. 동맥의 노화진행을 늦추는 것으로 보고돼 있다.

③ 유방암, 전립선암 등에 탁월한 효과가 있는 것으로 알려져 있다. 실제로 이탈리아 여성들이 유방암에 걸리는 확률이 세계적으로 가장 낮은 것도 토마토를 많이 먹는 식습관과 밀접한 관계가 있는 것으로 나타났다.

리코펜이 많은 토마토 고르는 방법

리코펜은 어떤 음식보다도 토마토에 가장 많으며 특히 붉은색 완숙 토마토에 풍부하다.

① 덜 익은 토마토보다 완전히 익은 붉은 토마토에 리코펜 성분이 풍부하다.

② 덜 익은 토마토를 따서 익힌 것보다는 완전히 붉은색으로 익었을 때 딴 것이라야 리코펜 성분이 많다.

③ 꼭지 주위를 감싸고 있는 검은색 코르크 조직이 있는 것이 완전히 익은 후 수확한 것으로 리코펜 성분이 풍부하다.

리코펜이 많아지게 하는 조리법

① 리코펜의 흡수과정에서 지방을 필요로 하는 기름에 잘 녹는 지용성이기 때문에 생토마토보다 기름으로 조리한 토마토를 먹거나 지방성분과 함께 먹으면

더 잘 흡수된다.

2. 리코펜은 생토마토보다 열을 가하면 더 활성화되어 양이 증가하고 흡수율도 더 높아진다.

3. 토마토를 삶거나 끓여서 올리브유 등과 섞어 먹으면 리코펜의 체내 흡수율이 생토마토보다 5배 이상 리코펜을 흡수할 수 있다.

4. 덩어리째 먹기보다는 다지거나 으깨서 먹을 때 리코펜의 흡수율이 높다.

5. 토마토를 가열하여 다지거나 으깨고, 여기에 올리브유를 넣으면 생토마토를 덩어리로 먹을 때보다 9배 이상 리코펜 성분을 더 흡수할 수 있다.

● ● 카로틴(carotene)

카로틴은 인체세포의 노화를 막아주며, 눈의 이상건조나 야맹증 등에 효과가 있고, 골격을 강화시킨다.

특히 흡연자들이나 만성적인 음주자들은 β-카로틴의 혈장농도가 상당히 낮은 것으로 밝혀졌다. 이것은 담배연기 속의 유리기 농도로 인해 β-카로틴의 혈장농도가 낮아졌기 때문이다. 유리기는 체세포에 심각한 손상을 일으킬 수 있는 반응성이 높은 분자들이다. β-카로틴 같은 항산화제가 과산화 반응과정을 막지 않는다면 유리기는 세포의 여러 구성성분들이 산화되고 파괴되는 동안 연쇄반응을 일으켜 심각한 손상을 입게 한다. 유리기는 암과 같은 여러 질병의 원인이 되거나 악화시킨다는 많은 과학적 증거도 있다. 그리고 종양의 생성으로 세포의 분화를 조절하지 못한다. 또한 유리기는 세포의 구조와 조직을 결정하는 유전자를 손상시켜 암을 발생시키기도 한다. 음식물 등으로 섭취된 β-카로틴은 유리기를 방어하는 데 도움이 된다.

토마토의 색 가운데 황적색은 카로틴, 적색은 리코펜에 의한 것으로, 리코펜은 20~30°C의 맑은 날씨가 계속될 때 색이 짙어지고, 카로틴은 저온 다습한 곳에서 색이 짙어진다.
따라서 적색 토마토보다 황색 토마토가 비타민 A 효과가 훨씬 크다.

•• 루틴

토마토의 루틴성분은 모세혈관의 강화작용으로 혈압조절 효과가 있어 혈압을 낮추는 역할을 한다. 또 시트릭산과 말릭산은 소화촉진과 이뇨작용을, 비타민 B는 피로를 감소시키고 두뇌발육을 도와준다. 루틴은 에탄올·아세톤·물에 조금 녹고, 에테르·클로로포름에는 녹지 않는다.

루틴의 다른 이름이 비타민 P인데 삼투압을 조절하고 모세혈관을 강하게 하는 작용을 가지고 있기 때문이다. 그래서 인지 출혈이나 코피, 잇몸에서 출혈이 나는 증상의 치료에 이용되기도 한다. 또한 뇌출혈, 방사선 장해, 심계항진 예방에 효과가 있다.

동의보감에서 나타난 토마토의 효용

- 양기부족과 심장쇠약 : 쇠고기 반근과 10개의 토마토를 같이 삶아서 식사시 복용하면 양기가 좋아지고 심장이 강화되는 효과가 있다.
- 고혈압 : 매일 3잔 이상의 토마토 주스를 복용하면 혈압이 떨어지는 효과가 있으며 이것은 심장병이나 간염 등의 열성병(熱性病)에도 좋다.

- 위산과소증 : 매일 식후마다 생토마토 1개나 토마토 주스를 1컵씩 복용하면 산이 다량 함유되어 좋다.
- 풍습성(風濕性) 피부병 : 토마토 뿌리, 줄기, 잎 삶은 물을 조금씩 마시거나 수시로 몸을 씻어주면 피부병에 효력이 있다. 이러한 처방은 신경통에도 좋다.
- 토마토를 피해야 하는 사람 : 토마토에는 산이 다량 함유되어 있어 위산이 부족한 사람에게는 좋지만, 위산과다증이나 위장이 냉한 사람이 먹으면 좋지 않다.

Ⅳ. 토마토 다이어트

토마토는 작은 토마토 1개(100g)의 열량이 16kcal이 넘지 않아 다이어트 식품으로 인기가 좋다. 실제로 대표적인 저칼로리 식품으로 작은 토마토 1개(100g)의 열량이 16kcal 남짓이다. 밥 한 공기(200g)가 296㎉이니 작은 토마토 한 개의 칼로리는 밥 한 공기의 18배 이상 차이가 나고, 85kcal인 사과보다 5배 이상 적다. 토마토를 다이어트 음식으로 보는 것은 토마토가 가지고 있는 성분 중 하나인 90% 이상의 수분과 펙틴이 위에 머무는 시간이 길어 포만감이 오래 가서 식사량을 줄일 수 있기 때문이다.

❶ 토마토가 다이어트에 좋은 이유

- ① 새콤하고 산뜻한 맛이 있으며 다양한 요리에 사용할 수 있어 이용범위가 넓은 야채이다.
- ② 다이어트를 하다보면 피부가 거칠어지는 경우가 종종 있는데 토마토에는 미용에 꼭 필요한 다양한 비타민과 미네랄이 풍부해 거칠어진 피부를 매끄럽게 해준다.
- ③ 토마토는 멜라닌 색소 침착을 막아 기미, 주근깨가 생기지 않도록 하고 리코펜은 피부노화를 억제한다.
- ④ 수분과 식이섬유가 많아 포만감은 상당히 큰 편이다.
- ⑤ 토마토는 비타민과 칼륨, 칼슘 등의 미네랄이 많아 다이어트 도중에 일어나기 쉬운 영양 결핍 상태를 예방한다.
- ⑥ 토마토는 소화를 돕고 신진대사를 촉진하기 때문에 몸 안의 노폐물을 배출하는 효과적인 다이어트를 할 수 있다.
- ⑦ 철분이 많이 들어 있는 조개와 함께 섭취하면 철분이 체내에 쉽게 흡수되어 빈혈을 예방할 수 있다.
- ⑧ 토마토의 칼륨이 염분을 몸 밖으로 내보내는 역할을 해서 부종을 막아 준다.

❷ 토마토 다이어트를 성공시키는 방법

- ① 토마토로 다이어트를 지속적으로 하려면 토마토를 날로 먹을 경우 리코펜의 흡수율이 떨어져 큰 효과를 보기 어려울 뿐만 아니라 생토마토만 먹다가는 금방 질리기 때문에 조리해서 먹는 것이 좋다.

- ② 토마토를 이용한 다이어트를 잘하려면 하루 한 끼 정도만 토마토를 먹는다든지 식전에 토마토를 먹어 식사량을 줄이는 정도가 다이어트에 가장 적합하다.

- ③ 토마토를 질리지 않고 맛있게 먹는 방법은 토마토가 듬뿍 들어간 다양한 요리를 만들어 먹을 수 있는 식단을 짜는 것이 좋다. 즉, 다양한 토마토 요리를 끼니마다 식탁에 올려 신선하고 이색적인 맛을 즐기면서 살도 빼는 방법이 가장 좋다고 할 수 있다.

- ④ 토마토를 이용하여 요리하는 것이 귀찮거나 먹기 힘들다면 뜨거운 물에 살짝 넣었다 건져 껍질만 벗긴 다음 소금을 약간 뿌려 먹으면 색다른 맛을 느낄 수 있다.

- ⑤ 토마토를 간식으로 할 때는 일반 토마토보다는 한입에 쏙 들어가는 방울 토마토를 택하면 훨씬 간편하다.

- ⑥ 붉은색 완숙 토마토는 리코펜 성분이 많이 함유돼 있어 노화방지 등 건강효능은 탁월하지만 다이어트를 하는 데는 칼로리가 상대적으로 낮은 푸른색 토마토가 더 유리하다.

❸ 토마토 다이어트 코스 3가지

● ● 1단계 : 원 푸드 코스

목표량	단기간에 많은 양의 체중을 빼는 데는 무리가 있지만 1~2주 이상 지속적으로 하게 되면 대부분의 사람이 3kg 정도는 뺄 수가 있다.
방 법	3일간 식사대신 세 끼를 토마토만 먹는다. 4일째부터는 보통 식사로 돌아가나 처음에는 위에 부담을 줄이기 위해 죽이나 수프 같은 유동식으로 시작해서 가벼운 반찬을 조금씩 곁들이다가 보통 식사로 돌아오는 것이 좋다.
주의사항	다이어트 중 알코올과 커피는 삼가는 것이 좋다.
장 점	원 푸드 코스는 토마토로만 하기 때문에 체중 감량 효과가 크면서도 이후 식사량이 줄어 몸매를 유지하기가 비교적 쉽다.
방 법	원 푸드 다이어트는 몸에 무리를 줄 수 있으므로 4일 이상 하지 않는 것이 좋다. 효과가 적으면 보통식을 3일 동안 한 후 다시 시작하는 것이 좋다.
다이어트를 중지해야 하는 때	- 몸이 정도 이상으로 피로감을 느끼는 경우 - 어지럼증을 느끼는 경우 - 위산과다 현상이 나타날 경우

● ● 2단계 : 아침만 토마토 코스

방 법	세 끼 중 아침식사만을 토마토로 대신하고 점심과 저녁은 보통 식사로 한다. 통상 토마토의 양은 토마토 1개 정도가 좋다.
주의사항	간식과 술은 영양을 증가시키고 다이어트의 효과를 줄이므로 삼간다.
장 점	- 영양이 결핍될 위험이 적다. - 배고픔을 덜 느껴 손쉽게 할 수 있다. - 꾸준히 하면 체질 개선의 효과도 볼 수 있다.
단 점	완만한 다이어트법으로 시간이 좀 걸린다.

• • 3단계 : 끼니마다 토마토 1개 코스

방 법	식전에 반드시 토마토 1개를 먹는다. 토마토는 포만감이 커서 1개 정도만 먹어도 배가 부르다. 자연히 다른 음식을 적게 먹게 되는 것. 토마토로 포만감을 채우면서 칼로리를 적게 섭취하는 방법이다.
주의사항	간식과 술은 영양을 증가시키고 다이어트의 효과를 줄이므로 삼간다.
장 점	- 건강을 유지하면서 할 수 있다. - 체중 감량과 체질 개선의 효과가 있다. - 피부와 소화기관의 기능도 좋아진다.
단 점	완만한 다이어트법으로 시간이 많이 걸린다.

❹ 토마토 다이어트 시 주의할 점

토마토만 먹는 다이어트는 수분을 많이 섭취할 수 있어서 포만감을 얻을 수 있고, 또한 손쉽게 할 수 있기 때문에 살을 빼고 싶어 하는 이들이 많이 택하고 있다. 그러나 모든 원푸드 다이어트가 그렇듯이 어떤 식품 한 가지만 집중적으로 먹으면서 다이어트를 한다는 것은 그리 쉬운 일이 아니다. 지금까지 먹어오던 식습관을 하루아침에 바꾸는 것도 쉽지 않지만 한 가지 음식만을 먹는다면 쉽게 질리게 되므로 다이어트에 실패할 가능성이 높기 때문이다. 따라서 다음과 같은 점을 주의하면서 토마토 다이어트를 하는 것이 좋다.

🍅 밥 대신 무조건 토마토만 먹는 다이어트는 바람직하지 않다.

　이유는 토마토가 많은 영양분을 가지고 있지만 모든 영양분을 포함하지 않기 때문에 영양상태에서 불균형을 가져오기 쉽다.

🟢 식사를 대신하여 토마토만을 먹는 다이어트 방법은 장기간 진행할 경우 열량 부족의 문제가 생긴다. 섭취하는 칼로리가 부족하게 되면 지방을 사용하여 에너지를 낼 것 같지만 지방보다는 에너지를 많이 쓰는 기관인 근육을 사용 하게 된다. 즉, 지방이 없어지기 전에 근육이 먼저 탄력을 잃게 된다.

🟢 다이어트가 끝나고 나면 우리 몸은 그 기간 동안에 채우지 못했던 에너지를 저장하기 위해서 지방을 늘리려 하기 때문에 다이어트 전보다 체중은 더욱 늘어나는 문제가 생긴다. 그러므로 제대로 살을 빼기 위해서는 시간이 다소 걸리더라도 올바른 식습관과 함께 균형 잡힌 식사와 운동을 병행해야 한다.

Ⅴ. 토마토, 이왕이면 키워 먹자

토마토는 환경만 맞으면 특별한 관리가 없어도 잘자라는 식물이다. 그러나 건조시 진딧물이 잘 발생하므로 물주기에 신경을
써야 한다.

❶ 토마토 재배 최적의 조건

●● 온도

토마토는 더운 곳에 사는 식물로 5~35℃에서 자라나, 성장하는데 적절한 온도
는 21~26℃다.

30℃ 이상	열매가 열리지 않는 온도
35℃ 이상	고온 장해
5℃	성장 최저온도
-1~2℃	서리가 내려 말라 죽는 온도
10℃ 이하	생육이 나쁘고 기형이 증가

●● 햇볕

토마토는 햇볕에 강한 작물로 햇볕이 약한 곳에서 재
배하면 색깔이 나쁘고 단맛과 비타민 C 함량도 낮아
진다. 광조건은 2만~3만 럭스인 5~6월, 9~10월이
적합한데 1만 럭스 이하에서는 생육이 불량하다.

•• 토양

토마토의 뿌리는 땅속 깊이 자라는 성질이 있고 깊고
넓게 뻗으므로 건조함과 적은 비료에도 잘 견딘다.
반대로 공중습도가 높으면 회색곰팡이병이나 역병이
많이 생긴다. 실내에서 기를 때는 흙의 영양이 제한되어 있어 흙의 선택도 중요
하다(밭흙 : 부엽토 : 모래 = 5:3:2). 토양산도는 pH 6~6.4 정도가 좋다.

•• 수분

토마토 묘목은 90% 이상이 수분이고 과실도 95%가 수분이므로 수확할 때까지
많은 수분이 필요하다. 재배에 적합한 공기 습도는 65~85% 정도이며 60% 이하
에서는 잘 자라지 못한다.

❷ 좋은 모종 고르기

모종은 주변의 꽃집이나 종묘사에 가면 쉽게 구할 수 있다. 모종이 좋아야 좋은 결실을 얻을 수 있다. 따라서 좋은 모종을 고르는 방법은 다음과 같다.

- 키가 너무 크지 않은 것이 좋다.
- 모양은 가로로 볼 때 대체로 장방형으로 잎이 난 것이 좋다.
- 잎은 두껍고 흐늘거리지 않는 것이 좋다.
- 엽색은 진한 녹색으로 윤기 있는 것이 좋다.
- 아래의 잎이 누렇게 변하거나 고사되지 않은 것이 좋다.
- 뿌리가 발생하는 지제부의 떡잎이 건전하게 붙어 있는 것이 좋다.
- 줄기의 굵기는 0.8~1.0cm 정도로 담배 굵기가 좋다.
- 뿌리의 뻗음이 힘있어 보이는 것이 좋다.
- 뿌리가 균형있게 자라고 많은 흙을 지니고 있는 것이 좋다.
- 병해충 및 물리적 손상이 없는 묘가 좋다.
- 마디 사이가 짧고 잎이 큰 것, 본잎이 7~8장 정도로 꽃망울이 생기고 75일 정도 자란 것, 줄기가 튼튼한 것이 좋다.

❸ 토마토 관리 방법

주요 농작업 캘린더

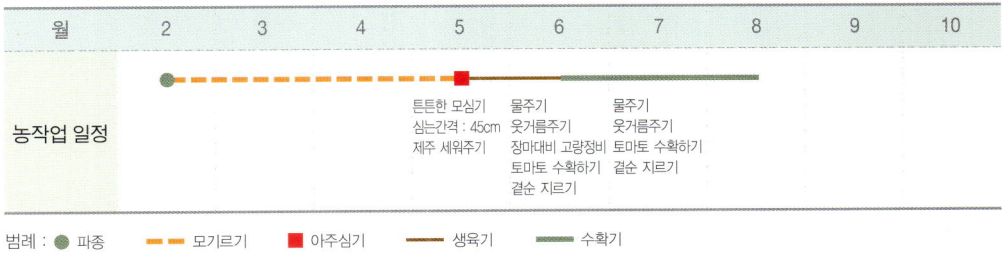

월	2	3	4	5	6	7	8	9	10

농작업 일정

튼튼한 모심기
심는간격 : 45cm
제주 세워주기

물주기
웃거름주기
장마대비 고랑정비
토마토 수확하기
곁순 지르기

물주기
웃거름주기
토마토 수확하기
곁순 지르기

범례 : ● 파종　--- 모기르기　■ 아주심기　— 생육기　— 수확기

•• 씨뿌리기와 묘종가꾸기

① 모판에 씨를 뿌린 후, 온도를 26~30℃로 유지시킨다.

② 싹이 트면 생육 조건(햇빛, 온도 등)을 잘 유지해 주어야 영양이 충실한 모종으로 생장한다.

③ 토마토는 씨를 뿌려서 모종으로 가꾸는 데 약 2개월이 걸리므로, 모종을 직접 구해서 심는 것이 좋다.

•• 묘종심기

① 화분 밑바닥에 완숙퇴비를 2cm 정도의 두께로 깐다.

② 화분에 배양토를 채운다. 포트가 들어갈 만한 자리를 만든다. 배양토는 부엽토(40%), 밭흙(50%), 개울 모래(10%)가 가장 좋다.

• 포트를 넣고 모를 바로 세운다.
• 구덩이에 모종을 놓고 모의 뿌리만 덮일 정도로 배양토를 채운다.
• 물을 충분히 준 후에 잦아들기를 기다렸다가 부드러운 흙으로 살짝 덮어 준다.
• 길이 30cm의 지주를 세우고 비닐 끈으로 8자 형태로 교차시켜 묶는다.

•• 묘종 관리하기

본엽이 1.5~2매 때 직경 16~18㎝의 화분에 이식하고, 물을 충분히 준 다음 차광망 등으로 활착 때까지 2~3일간 햇빛가림을 한다. 온도 관리는 이식 후 자리를 제대로 잡을 때까지는 28~30℃를 유지하고 제대로 잡은 후에는 주간은

23~25℃ 야간은 15~17℃로 하고, 야간온도는 점차 낮추어 13~15℃로 관리하는 것이 좋다.

●● 물주기

물은 화분 밑으로 나오지 않도록 하는데 조금씩 자주 주어야 한다. 생장이 왕성할 경우 하루 2리터까지 물을 흡수하나 보통 1리터 정도는 주어야 한다.

●● 받침대 세우기와 곁눈 자르기

① 토마토의 모종은 가지가 무성하게 자라 쓰러지기 쉬우므로 받침대를 세워주는데, 꽃과 줄기를 다치지 않도록 잘 묶어준다.
  → 받침대를 세우고 줄기를 받침대에 '∞' 모양으로 잡아 맨다.

② 토마토의 잎겨드랑이에서 나오는 곁눈은 일찍 따주어서 외대가꾸기를 한다.
  → 가정에서 2대 가꾸기를 하고자 할 때에는 제1화방 바로 밑순을 길러서 2대로 만든다.

③ 주줄기에서 꽃이 4~5송이 정도 피면 그 위의 잎을 2장 정도 남겨 놓고 끝을 잘라낸다.

●● 그 밖의 관리

① 토마토는 밑거름을 20~30% 주고 덧거름은 70~80%를 주되, 3~4회로 나누어 주는 것이 좋다.
  → 밑거름 : 씨뿌리기 전이나 모내기 전에 주는 거름, 퇴비나 깻묵 같은 지효성 비료를 준다.

② 첫 번째 덧거름은 아주심기를 한 다음 약 1주일 안에 묽은 물거름으로 준다.

→ 덧거름 : 작물이 자라는 중간에 주는 거름으로 속효성 비료를 준다.
⑧ 두 번째 이후는 약 2주일 간격으로 생육 상태에 따라 양과 회수를 조절하며 준다.

●● 병충해 방제

토마토에는 잎곰팡이병이 간혹 발생한다. 이 병은 고온기에 습기가 많은 상태에서 발생되는데 잎 뒷면에 담황색의 반점이 생겨서 회백색의 곰팡이가 생기는 것이 특징으로 봄 재배에서는 발병률이 적고 여름재배에서 주로 발생된다.
방제법으로 물은 날씨가 좋은 날을 택해 조금씩 주도록 하되 통풍이 잘 되게 환기를 시켜준다. 아울러 아주 심은 후부터 예방적으로 스미렉스나 타코닐 등의 살균제를 2~3회 정도 뿌려 주도록 하며, 병 발생 초기에는 과립훈연제로 처리해 주는 것이 효과적이다.

●● 수확

① 온도, 햇빛 등의 조건이 잘 맞으면, 개화 후 40~50일경이면 수확할 수 있다.
② 보통, 꽃자리 부분이 약간 붉은색을 띠기 시작할 때 수확하는 것이 좋다.

15가지

Ⅵ. 매일 먹어도 즐거운 토마토 요리

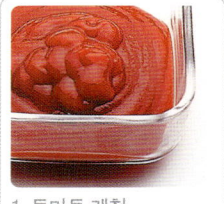

1. 토마토 케첩

2. 토마토 소스

3. 양상추 파프리카 샐러드

4. 토마토 햄버거

5. 연두부 토마토 샐러드

6. 토마토 치즈 카나페

7. 토마토 바게트 샌드위치

8. 해물 토마토 샐러드

9. 토마토 주스

10. 토마토 볶음밥

11. 닭가슴살 토마토 햄버거

12. 미네 스트로니 스프

13. 바베큐 폭찹

14. 토마토 스파게티

15. 방울 토마토 해물 모듬꼬치

I. 토마토 케첩

이러한 재료가 필요해요~

신선한 토마토 2개, 다진 양파 1/4개,
당근 1/4개, 다진 마늘 1/2쪽,
설탕 1/2큰술, 식용유나 버터 약간,
소금 약간, 후춧가루 약간,
샐러리 잎 약간, 월계수 잎 1장

❶ 토마토는 너무 무르지 않고 잘 익은 토마토를 준비하여 위 중심에 열십자로
   칼집을 넣어 끓는 물에 데쳐서 찬물에 헹구어 껍질을 벗긴다.
❷ 양파는 껍질이 잘 마르고 광택이 있으며 단단한 것을 골라 껍질을 벗기고
   깨끗이 씻어둔다.
❸ 토마토는 양파와 함께 다져서 뭉근히 끓인다.
❹ 끓기 시작하면 월계수 잎과 정향, 통후추를 넣고 충분히 끓인다.
❺ 케첩 향이 고루 배도록 끓였으면 내용물을 체에 내려 한 공기 정도를 덜어
   서 녹말가루와 섞어 부드럽게 갠다.
❻ 체에 걸러진 향신료 건더기는 믹서에 곱게 갈아 녹말가루 갠 것과 섞어 저
   으면서 다시 끓여준다.
❼ 양이 2/3 가량 줄어들면 설탕, 소금, 식초로 맛을 낸다.

1. 토마토에 열십자로 칼집을 넣어 끓는 물에
   데친다.

2. 믹서에 넣고 곱게 간다.

3. 냄비에 토마토 으깬 것을 넣고 볶는다.

2. 토마토 소스

이러한 재료가 필요해요~

홀토마토(통조림) 4개, 양파 1/2개,
당근 1/2개, 샐러리 1/2대, 월계수 잎1장,
올리브오일 2큰술

❶ 홀토마토는 체에 받쳐 국물을 받아둔다.
❷ 체에 받친 토마토는 으깨 부드럽게 만든다.
❸ 양파, 당근, 샐러리는 껍질 벗겨 곱게 다진다.
❹ 오일을 두르고 야채를 넣고 볶다가 토마토 국물과 토마토, 월계수 잎을 넣고 끓인다.
❺ 20분 정도 끓이다가 처음 양의 3/2정도로 줄어들면 불을 끄고 월계수 잎을 건져낸다.
❻ 믹서에 곱게 간다.

1. 홀토마토는 체에 받쳐 국물을 받아둔다.

2. 오일을 두르고 야채를 넣고 볶는다.

3. 토마토 국물과 토마토, 월계수 잎을 넣고 끓인다.

3. 양상추 파프리카 샐러드

이러한 재료가 필요해요~

양상추 5잎, 홍피망 1/2개, 노란 피망 1/2개
방울 토마토 4개 양파 1/2개
파인애플 드레싱 : 파인애플 슬라이스 1장,
피클 4조각, 레몬 · 양파 1/4개, 샐러리 1/2대
설탕 1/2컵, 겨자 1작은술, 마요네즈 2큰술,
소금 약간, 올리브오일 약간

❶ 양상추는 손으로 뜯어 찬물에 담근다.
❷ 빨간 피망, 노란 피망은 잘라 놓는다.
❸ 방울 토마토는 반으로 썰어 놓는다.
❹ 양파는 링으로 썰어 놓는다.
❺ 믹서에 드레싱 재료를 한꺼번에 넣고 갈아 만든다.
❻ 접시에 야채를 모아서 담고 드레싱을 곁들인다.

1. 방울 토마토는 반으로 썰어 놓는다.

2. 양파는 링으로 썰어 놓는다.

4. 토마토 햄버거

이러한 재료가 필요해요~

햄버거빵 1개, 사과 1/2개, 토마토 1/2개,
파인애플 슬라이스 1장, 키위 1개,
마요네즈 2큰술, 머스터트 1큰술

❶ 사과는 껍질을 벗겨 반달 모양으로 썰어 설탕물에 담군 후 물기를 제거한다.
❷ 토마토는 2개로 슬라이스 한다.
❸ 키위는 껍질을 벗기고 슬라이스 한다.
❹ 햄버거빵을 팬에 기름 없이 노릇하게 토스트 한다.
❺ 토스트한 빵에 머스터드와 마요네즈를 섞어서 빵 전체에 바른다.
❻ 빵위에 파인애플, 키위, 사과, 토마토를 놓는다.
❼ 빵을 덮는다.
❽ 접시 위에 햄버거를 가지런히 놓고 토마토를 곁들여 낸다.

1. 토마토는 2개로 슬라이스 한다.

2. 키위는 껍질을 벗기고 슬라이스 한다.

3. 햄버거 빵을 팬에 굽는다.

5. 연두부 토마토 샐러드

이러한 재료가 필요해요~

토마토 1개, 양파 1/2개, 무순 20개,
연두부 1/2개,
드레싱 : 올리브오일 2큰술,
레몬식초 2큰술, 설탕 1큰술,
다진 양파 1큰술, 간장 1작은술,
소금 약간

❶ 토마토는 둥글게 0.5cm 두께로 슬라이스 하고, 양파는 가늘게 채 썰어 찬물
   에 담가 매운맛을 제거한다.
❷ 무순은 밑둥을 잘라 찬물에 담가둔다.
❸ 토마토는 둥글게 돌려 담는다.
❹ 드레싱 재료를 혼합하여 소스를 만든다.
❺ 준비된 소스를 먹기 직전에 끼얹어 낸다.

1. 토마토는 0.5cm 두께로 슬라이스 한다.

2. 양파는 가늘게 채 썬다.

3. 무순은 밑둥을 자른다.

6. 토마토 치즈 카나페

이러한 재료가 필요해요~

토마토 1개, 오이 1/2개,
슬라이스 치즈 2장, 청경채 2장,
올리브 2개, 날치알 1큰술,
마요네즈 1큰술, 크림치즈 1/2큰술

❶ 토마토는 슬라이스 한다.
❷ 오이도 슬라이스 한다.
❸ 청경채는 잎 부분만 사용한다
❹ 치즈는 틀에 모양을 찍어 낸다.
❺ 올리브는 둥글게 슬라이스 한다.
❻ 청경채 위에 오이를 올리고 치즈와 마요네즈 소스, 날치알을 얹어 장식한다.

1. 토마토는 슬라이스 한다.

2. 치즈는 틀에 모양을 찍어 낸다.

3. 올리브는 둥글게 슬라이스 한다.

7. 토마토 바게트 샌드위치

이러한 재료가 필요해요~

바게트빵 2개, 방울 토마토 6개,
모짜렐라 치즈 1/4개,
바질 잎이나 파슬리 잎 약간,
올리브오일 3큰술, 소금 · 후추 약간

❶ 바게트빵은 팬에 앞뒤를 구워준다.
❷ 방울 토마토는 1/4 크기로 자른다.
❸ 모짜렐라 치즈는 토마토보다 작게 자른다.
❹ 바질 잎이나 파슬리 잎도 곱게 채 썬다.
❺ 그릇에 방울 토마토와 모짜렐라 치즈, 그리고 바질 잎이나 파슬리 잎을 담고 올리브오일과 소금, 후추가루를 넣어 버무린다.
❻ ⑤를 빵 위에 듬뿍 올린다.

1. 바게트빵은 팬에 앞뒤를 구워준다.

2. 방울 토마토는 1/4 크기로 자른다.

3. 모짜렐라 치즈를 자른다.

8. 해물 토마토 샐러드

이러한 재료가 필요해요~

새우 8마리, 오징어 1/2마리,
레몬 슬라이스 2쪽, 방울 토마토 5개,
치커리 또는 앤다이브 약간
발사믹드레싱 : 올리브오일 3큰술,
식초 1큰술, 소금 1/3작은술,
후추가루 약간, 발사믹비네거 1큰술

❶ 새우는 머리를 떼고 내장을 제거하고 오징어는 껍질을 벗겨 놓는다.
❷ 냄비에 물과 레몬을 넣어 끓는 물에 새우와 오징어를 넣어 데쳐낸다.
❸ 오징어는 데쳐 링으로 썰어 넣는다.
❹ 치커리 또는 앤다이브는 씻어 물기를 제거한다.
❺ 방울 토마토는 반으로 자른다.
❻ 발사믹드레싱 재료를 혼합하여 소스를 만든다.
❼ 접시에 담고 소스를 끼얹는다.

1. 새우를 데쳐낸다.

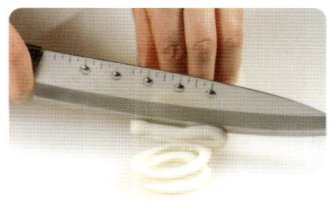

2. 오징어는 데쳐 링으로 썰어 넣는다.

3. 방울 토마토는 반으로 자른다.

9. 토마토 주스

이러한 재료가 필요해요~

토마토 2개, 설탕이나 올리고당 1큰술,
생수 1/4컵

❶ 토마토는 깨끗이 씻은 후 믹서에 갈아 준다.
❷ 믹서에 갈아 놓은 토마토에 설탕이나 올리고당과 생수를 넣어 저어 준다.
❸ 냉장고에 넣어 차게 한 유리잔에 토마토 주스를 담는다.

1. 토마토는 깨끗이 씻은 후 믹서에 간다.

2. 토마토 주스를 담는다.

10. 토마토 볶음밥

이러한 재료가 필요해요~

밥 3공기, 토마토 1개, 호박 1/2개,
당근 1/2개, 달걀 1개, 토마토 케첩 1큰술,
올리브오일 2큰술, 소금·후춧가루 약간

❶ 토마토는 끓는 물에 살짝 데친 뒤 껍질 벗겨 굵직하게 다지고, 호박과 당근도 손질해 비슷한 크기로 다진다.
❷ 달군 팬에 기름을 두르고 토마토와 호박, 당근을 넣어 센 불에서 달달 볶는다.
❸ 볶은 야채를 팬 한쪽으로 밀어놓고 달걀을 풀어 넣어 스크램블하듯 저어 덩어리지게 볶다가 야채와 함께 고루 섞는다.
❹ ③에 밥을 넣어 고루 뒤적이면서 볶다가 토마토 케첩과 소금, 후춧가루를 넣어 맛을 낸다.
❺ 밥을 동그란 틀이나 작은 그릇에 담아 가볍게 누른 뒤 접시에 뒤집어 쏟는다. 토마토 케첩을 뿌려 낸다.

1. 달군 팬에 기름을 두르고 야채를 넣는다.

2. 달걀을 풀어 넣어 스크램블하듯 저어준다.

3. 고루 뒤적이면서 볶다가 토마토 케첩을 넣는다.

11. 닭가슴살 토마토 햄버거

이러한 재료가 필요해요~

닭가슴살 1장, 버터롤 2개, 양상추 3장,
양파 1/2개, 토마토 1/2개,
피클 · 마요네즈 · 머스터드 약간
양념소스 : 올리브유 1큰술,
소금 · 후추 · 맛술 약간

❶ 버터롤은 약한 불에서 토스트 한다.
❷ 닭가슴살은 포를 떠서 칼등으로 두드린 후 소금, 후추, 맛술로 밑간하여
　올리브유에 구워 놓는다.
❸ 토마토와 양파는 동그랗게 슬라이스하고 피클은 얇게 썬다.
❹ 양상추는 빵 크기만큼 자른다.
❺ 빵 위에 양상추를 깔고 닭가슴살을 얹고 토마토와 양파를 얹는다.

1. 버터롤은 약한 불에서 토스트한다.

2. 닭 가슴살은 포를 떠서 칼등으로 두드린다.

3. 토마토와 양파는 동그랗게 슬라이스하고
　피클은 얇게 썬다.

12. 미네스트로니 스프

이러한 재료가 필요해요~

양파·샐러리·당근 1/4대, 양배추 2장,
무 1/8개, 감자 1/2개, 스트링빈스(껍질콩) 10개,
토마토 1개, 버터 1큰술, 토마토 페이스트 2큰술,
화이트스톡 또는 물 2컵, 마늘 1쪽,
파슬리 1줄기, 스파게티 2줄, 월계수 잎 1개,
정향 1개, 소금·후추 약간

- 미네스트로니 스프는 이태리 밀라노의 대
  표적인 스프이다.
- 불란서식 스프는 버터조각을 넣어 마무리
  한다.
- 부케가르니 : 양파쪽 + 정향 + 월계수 잎

파슬리 가루 만드는 방법

① 파슬리를 곱게 다진다.
② 파슬리를 면보에 싸서 물에 헹구어 강한
   맛을 제거한다.
③ 펴서 말린다.

❶ 양파, 샐러리, 당근, 무, 양배추는 가로, 세로 1.2cm, 두께 0.2cm로 자른다.
❷ 토마토는 열십자로 칼집을 내어 뜨거운 물에 데쳐 껍질과 씨를 제거하여 다른 야채와 같은 크기로 썬다.
❸ 끓는 물에 소금과 식용유를 넣고 스파게티를 12분 정도 삶아 1.2cm 길이로 자른다.
❹ 마늘과 파슬리는 각각 곱게 다지고 파슬리는 가루로 만든다.
❺ 냄비에 버터를 두르고 마늘을 볶다가 채소를 볶고 토마토 페이스트와 토마토를 넣고 3~4분 더 볶는다.
❻ 물 1컵 1/2과 부케가르니를 넣어 끓이면서 거품을 건져낸다.
❼ 야채를 넣어 충분히 익은 다음 스파게티, 스트링빈스를 넣은 후 소금, 후추로 간하고 부케가르니를 제거한 후 국물과 야채를 3:1의 비율로 섞어서 그릇에 담는다.
❽ 파슬리 다진 것을 위에 뿌린다.

1. 토마토는 열십자로 칼집을 내어 뜨거운 물에
   데친다.

2. 스파게티를 12분 정도 삶는다.

3. 냄비에 버터를 두르고 각종 재료를 넣고
   볶는다.

13. 바베큐 폭찹

이러한 재료가 필요해요~

돼지갈비 200g, 양파 1/4개, 샐러리 1/4대,
밀가루 1큰술, 토마토 케첩 2큰술,
우스터소스 1/2큰술,
흑설탕 1큰술, 핫소스 3방울, 식초,
레몬 1큰술, 월계수 잎 1잎, 정향 1개,
버터 15g, 파슬리 가루, 소금 · 후추 약간

- 바베큐란 통째로 직접 고기를 구워가며
  소스를 바르는 것을 말한다.
- 바베큐 폭찹은 아이들 간식으로 좋은 요
  리이다.

❶ 돼지갈비는 기름을 제거하고 뼈와 살이 붙어 있는 곳을 칼로 저며 2cm두께
　로 납작하고 길게 펴서 칼집을 넣어 준다.

❷ 갈비에 소금과 후추를 뿌려서 밀가루를 묻힌다.

❸ 후라이팬에 갈색이 날 때까지 굽는다.

❹ 양파와 샐러리는 작은 주사위 모양(0.5cm)으로 썬다.

❺ 냄비에 버터를 넣고 양파, 샐러리를 볶고 흑설탕(1큰술), 토마토 케첩(3큰
　술), 우스터소스(1/2큰술), 식초(1큰술), 핫소스, 부케가르니를 넣고 물 3~4
　큰술을 넣어 끓으면 돼지갈비를 넣고 소스 맛이 배도록 푹 익힌다.

❻ 소스가 윤기가 나고 적당하게 되직해지면 갈비를 꺼내 접시에 담고 소스를
　갈비에 끼얹는다.

❼ 파슬리 가루를 뿌린다.

1. 돼지갈비는 납작하고 길게 펴서 칼집을
   넣어 준다.

2. 후라이팬에 갈색이 날 때까지 굽는다.

3. 돼지갈비를 넣고 소스 맛이 배도록 푹
   익힌다.

14. 토마토 스파게티

이러한 재료가 필요해요~

스파게티 한 움큼(100g), 토마토 1개,
양파 1/4개, 토마토홀 1/4컵,
올리브오일 1큰술, 다진 마늘 1/2작은술,
소금 · 후추 · 파슬리 가루 약간

❶ 토마토에 칼집을 넣어 끓는 물에 살짝 데친 뒤 껍질을 벗기고 굵직하게 다지고, 양파도 굵게 썬다.

❷ 속이 깊은 팬에 올리브유를 두르고 다진 토마토와 양파, 토마토홀, 다진 마늘을 넣어 고루 섞으면서 볶는다.

❸ 끓는 물에 스파게티를 넣어 7분 정도 삶아 체에 밭쳐 물기를 뺀다.

❹ ②에 스파게티를 넣어 고루 저어가며 버무린다. 소금과 후춧가루로 간을 맞추고 파슬리 가루를 넣어 맛을 더한다.

1. 토마토에 칼집을 넣어 끓는 물에 살짝 데친다.

2. 팬에 재료를 고루 섞으면서 볶는다.

3. 스파게티를 넣어 7분 정도 삶는다.

15. 방울 토마토 해물 모듬꼬치

이러한 재료가 필요해요~

새우(중하) 4마리, 양송이 버섯 4개,
브로콜리 1/4줄기(200g), 방울 토마토 4개,
머스터드 소스 약간,
버터 · 소금 · 흰후추 · 참기름 약간,
나무꽂이 4개

❶ 새우는 꼬리만 남기고 껍질을 벗긴 후 내장을 제거한 다음 데쳐 건진 뒤 참기름, 흰후추, 소금을 뿌려 밑간한다.
❷ 브로콜리는 적당한 크기로 잘라 끓는 물에 데친다.
❸ 양송이 버섯은 밑동을 자르고 1/2 크기로 자른 후 물에 데친다.
❹ 밑간한 새우, 브로콜리, 방울 토마토, 양송이 버섯을 꽂이에 꽂는다.
❺ 머스터드 소스를 뿌려준다.

1. 새우의 내장을 제거한다.

2. 새우는 꼬리만 남기고 껍질을 벗겨 데친다.

3. 양송이 버섯은 밑동을 자르고 1/2 크기로 자른다.

Tomato

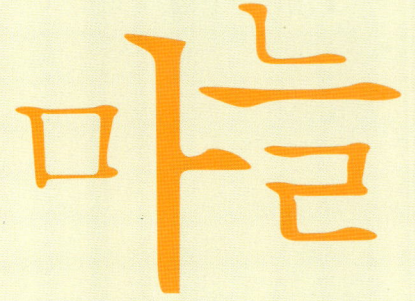

제II부 알수록 신비한 화이트 푸드

왜 화이트 푸드인가?

화이트 푸드(White food)는 과육이 흰색인 식품을 말한다. 화이트 푸드에는 버섯, 무, 감자, 마늘, 콩나물이 있으며 이들은 체내에 유해산소가 일으키는 부작용을 억제하고 세균과 바이러스에 대한 저항력도 길러준다. 화이트 푸드 중 최고는 마늘로 한국 중국 등 아시아 나라들에서는 예로부터 자양 강장 식품으로 널리 사용돼 왔다.

특히 우리나라에서는 단군신화에 곰이 마늘과 쑥을 먹고 사람이 되었다 하여 마늘에 대한 중요성을 간접적으로 표현하였다. 또 고대 그리스에서도 올림픽의 마라톤 주자들이 마늘을 씹으면서 뛰었다고 하고, 고대 이집트의 피라미드를 세운 사람들에게도 마늘을 먹인 것으로 전해지고 있다. 서양에서는 귀신을 쫓는 신성한 도구로 사용하기도 하였다.

이번 장에서는 이처럼 오랜 역사 속에 등장하는 마늘이 요즘에 와서 그 중요성이 더욱 부각되는 이유를 알아본다. 이에 따라 마늘이 우리 몸에 왜 좋은지, 좋은 마늘은 어떻게 선택하는지, 어떤 요리가 몸에 좋은지, 오래 전부터 내려오는 민간요법과 집에서 쉽게 만들어 먹는 마늘 요리법까지 모두 알아보았다.

왜
마늘
인가…

Ⅰ. 마늘, 알고 먹자

마늘은 예로부터 다양한 약효를 지닌 식품으로 인식되어 왔다. 그 동안에는 마늘의 효능을 경험적으로만 확인해 왔지만 최근에는 여러 가지 과학적인 실험을 통하여 그 효과를 확인하고 있다. 최근까지 알려진 마늘의 효능은 거의 모든 부분에서 효능을 인정받고 있어 한마디로 마늘은 만병통치의 기능을 가진 식품이라고 할 수 있다.

1 이 정도는 상식이다

•• 마늘이 뜨는 이유

오늘날에는 마늘의 우수한 효능이 과학적으로 밝혀지기 시작하면서 유럽에서는 마늘 제품이 훌륭한 의약품으로 사용되고 있다. 미국에서도 10여년 전부터 마늘이 약이란 관점에서 재평가되면서 본격적으로 연구되어 이젠 마늘에 대한 연구에서 미국이 선도적 역할을 하고 있다. 현재 미국에선 어느 건강식품점이나 마늘제품이 비타민 C 제품과 나란히 진열돼 있으며 마늘은 한국 인삼, 은행잎과 함께 이른바 3G(Garilc, Ginseng, Ginkgo)에 속하는 인기품이다.

•• 마늘의 식물학적 특성

마늘은 외떡잎 식물로 백합목 백합과로 분류되는 여러해살이 풀이다. 마늘은 구근작물이며 인경작물이라고도 한다. 인경작물이라는 것은 땅 속의 짧은 줄기의 둘레에 양분을 저장하여 두꺼워진 잎이 많이 붙어서 둥근 공 모양을 이루는 식물로 마늘이 뿌리에서 양분을 저장한 마늘쪽이 만들어지기 때문에 붙여진 것이다.

◦◦ 마늘 이름의 유래

마늘을 부르는 명칭은 몽골어 만끼르(manggir)에서 gg가 탈락된 마닐(manir)에서 마늘로 변형된 것으로 추론되기도 하며 '맛이 매우 날하다' 하여 '맹랄(猛辣) → 마랄 → 마늘' 이 된 것으로 풀이하기도 한다.

◦◦ 마늘의 구조

비늘줄기는 연한 갈색의 껍질 같은 잎으로 싸여 있으며, 안쪽에 5～6개의 작은 비늘줄기가 들어 있다.
꽃줄기는 높이 60cm 정도이다.
잎은 3～4개가 어긋나며,
잎 밑부분이 잎집으로 되어 있어 서로 감싼다.
꽃은 흰 자줏빛이 돌고
잎, 꽃자루에서는 특이한 냄새가 나며
비늘줄기를 말린 것을 대산이라 한다.

◦◦ 마늘의 효능에 대한 검증 사례

영국의 BBC 방송	마늘이 감기를 예방할 뿐 아니라 감기의 회복을 촉진시키는 데 특효가 있다는 사실이 확인됨으로써 감기 예방과 치료에 획기적인 전기가 이루어질 것으로 전망된다고 보도하였다.
서울대 화학과 양철학 교수 연구팀	라스단백질이 돌연변이 된 상태에서 잘못된 신호를 보낼 때 암세포가 성장한다는 사실에 입각, 이런 라스단백질의 기능을 억제시킬 수 있는 물질을 연구하던 중 마늘의 알리신과 영지의 가노데릭산이 이런 작용을 하는 것을 발견했다고 밝혔다.
미국 NCI의 연구원인 웨이 첸 요 박사	마늘을 많이 먹는 지역 주민들은 위암 발생률이 낮다는 역학조사 결과를 발표하여 주목을 받았다. ＊NCI = 국립암연구소
미국 바스틸대학 연구원	시험관 내에서 마늘 추출물이 헬리코박터 필로리균을 죽이는 힘이 있다는 것을 실증적으로 확인했다.

●● 역사 속에 등장하는 마늘

단군신화에서 신비의 식물로 묘사된 마늘

마늘에 관한 기록 중 우리나라에서 빼놓을 수 없는 것은 단군신화이다. 사람이 되고 싶은 곰이 마늘과 쑥을 먹고 여자가 되어 하늘의 아들인 환웅과 결혼하여 시조 단군을 낳았다는 신화이다. 이처럼 신화에 등장할 만큼 우리 민족에게 마늘은 오래 전부터 친숙한 관계임을 알 수 있으며 실제로 마늘의 신비성과 함께 기초적으로 약용식물로 활용되어 왔음을 알 수 있다.

불교와 도교에서는 금기된 마늘

오신채란 염교(달래), 파, 마늘, 생강, 부추와 같은 자극성이 강한 다섯 종류의 채소로 불가(佛家)나 도가(道家)에서는 금기의 음식으로 여겨왔다. 특히 불교에서도 마늘을 익혀 먹으면 성욕이 발동하고 날것으로 먹으면 마음 속에 열기가 생긴다고 하여 마늘은 수도과정에서 금기하였고, 도교에서도 마늘은 성욕을 강화시켜 수련을 방해한다고 한다.

이집트에서 스태미나 보강식품으로 묘사된 마늘

기원전에 만들어진 이집트의 피라미드 벽화의 기록을 보면 피라미드 건설에 동원된 노예들에게 스태미나 보강을 위해 배급한 마늘의 양에 관한 기록이 남아 있다. 뿐만 아니라 고대 이집트인들의 무덤에서는 진흙으로 빚은 마늘 모양형이 발견되었고, 투탕카멘 왕의 묘지에서는 진짜 마늘 여섯 뿌리가 출토되었다고 한다. 이러한 사실을 보면 고대 이집트에서도 중요한 스태미나 보강음식으로 마늘이 인기를 얻고 있었다는 것을 알 수 있다.

스태미나 보강으로 마늘을 사용한 알렉산더 대왕

기원전 4세기경 마케도니아 왕국의 필립포스 2세의 아들로 태어난 알렉산더 대왕은 BC 334년부터 동방원정을 시작하여 아케메네스 왕조 페르시아 제국을 멸망시키고 중앙 아시아와 인도 북서부에 이르는 광대한 세계제국을 건설하였다. 본국에서 멀리 떨어져서 오랫동안 전투를 치루는 군사들의 강인한 정신과 스태미나 보강을 위해 병사에게 마늘을 먹였다.

페스트 전염병의 치료약으로 마늘 사용

페스트는 14세기에 중앙 아시아로부터 유럽 전역을 휩쓴 전염병으로, 당시 유럽 전체 인구의 1/4에 해당하는 2,500만 명이 피부색이 흑자색으로 변하며 죽어갔으므로 흑사병(黑死病)이라 하며 두려워하였다. 이러한 페스트 전염병의 치료약으로 18세기부터 마늘의 알리신이라는 휘발성 물질이 살균과 정장 효과가 높은 것 때문에 마늘을 사용하기도 하였다.

기타

제1차 세계대전 중에 영국군에서는 부상병들의 상처와 화농에 대한 치료약으로 마늘을 사용했다. 마늘은 싸움터에서는 힘을 쓰기 위해, 그리스의 경기자들은 스태미나를 위해서 복용했다고 한다.

•• 마늘의 유래

기원전에 축조된 이집트 피라미드 벽면의 기록에 따르면 피라미드 축조에 동원된 노예들에게 스태미나 증강을 위해 나누어 준 마늘의 양에 관한 기록이 남아 있다. 이처럼 이집트는 마늘을 기원전부터 먹었다는 것을 알 수 있으며, 마늘의 원산지는 중앙아시아와 이집트로 추정하고 있다.

중앙아시아를 중심으로 가까이에 있던 아시아쪽으로는 인도 · 중국 · 한국 · 아프리카의 각지에 전파되었다. 유럽쪽으로는 지중해 연안에 주로 전파되었다. 중국에 전파된 것은 BC 2세기경으로 지금의 이란으로부터 도입되었다고 하며 우리는 중국으로부터 유입된 것으로 보인다.

현재 마늘은 이탈리아를 비롯한 남유럽, 미국의 루이지애나 · 텍사스 및 캘리포니아, 아시아의 한국 · 중국 · 일본 · 인도, 서부 아시아 및 열대 아시아 전역, 그리고 아프리카와 오스트레일리아 등지에서 많이 재배되고 있다.

우리나라에서의 재배 기원이나 도입 시기에 대해서는 명확하지 않으나 삼국유사에도 나올 뿐만 아니라 삼국사기에 기록이 있는 것으로 보아 마늘의 이용과 재배 역사가 매우 오래되었다는 것을 알 수 있다.

2 다양한 마늘, 그러나 성분은 비슷하다

●● 품종별 분류

소인편종 (육쪽 마늘)	마늘 중에서 성장이나 성숙이 보통보다 늦은 만생종으로 마늘통이 크고 굵직한 것이 구 모양으로 약간 모가 나서 부정형이고 보통 네모꼴로 보인다. 중심부에는 짧은 줄기를 가지며 각 마늘쪽의 껍데기 층은 적색을 띄며 마늘통의 외피는 자줏빛을 띠는 것이 많다.
다인편종 (여러쪽 마늘)	조생종으로 마늘쪽은 10~15개 정도이고, 외피는 약간 붉은빛이 있으며 마늘쪽을 직접 싼 층은 엷은 적색으로 매운맛이 강하며 김장용으로 많이 쓰인다.
장손 마늘 (잎, 풋마늘용)	껍질은 연하고 마늘쪽은 10여 개나 되나 마늘쪽은 작아서 이용하기 불편하다. 마늘장아찌를 담그는 데는 적당하며, 잎을 많이 이용하기도 한다.

●● 계절에 따른 분류

한지형 마늘 (만생종)	중부 내륙지방에서 재배되는 마늘로 마늘쪽이 6쪽 내외로 알이 크다. 주로 9, 10월에 심어 다음해 6월에 수확한다. 매운맛이 강하고 단단하며 저장성이 좋다. 대표적 생산지는 서산, 의성, 단양, 삼척 등이 유명하다. 한서의 차와 밤과 낮의 온도차가 심하고 특이한 기후 및 토양에서 자란 마늘이기에 유효성분이 높으며 마늘 고유의 향과 약리작용이 뛰어나다.
난지형 마늘 (조생종)	겨울철 따뜻한 지방에 적응한 마늘로, 8, 9월에 심어 다음 해 5, 6월에 수확한다. 쪽수는 10~12쪽이고 매운맛이 적고 저장성이 약한 편이다. 그러나 꽃대가 길어 주로 마늘쫑으로 먹으며 남해와 고흥 등이 주생산지다.

●● 외피의 색깔에 따른 분류

White종	외피가 백색인 마늘로 주로 6쪽 마늘과 일본 한지형 마늘이 여기에 속한다.
Pink종	외피가 자홍색 또는 갈홍색으로 다인 편종(여러쪽 마늘)과 난지형의 재래종과 서구 품종이 여기에 속한다.
갈색종	우리나라 재래종 마늘이 여기에 속한다.

•• 마늘을 부르는 명칭에 따른 분류

올 마늘	조생종의 햇마늘
쪽 마늘	쪽이 많은 난지형 마늘
육쪽 마늘	쪽이 6~8개인 마늘
백 마늘	수입종 마늘
풋 마늘	아직 덜 여문 마늘
마늘쫑	마늘의 줄기와 꽃대 부분으로 여름 한철 동안 나물이나 장아찌로 식탁에 자주 오르는 단골 메뉴

❸ 마늘을 키우는 조건

•• 재배 지역

일반적으로 마늘을 재배하기 적당한 지역은 겨울철에 비교적 온화하고 눈이나 비가 적당히 오고 건조하지 않은 지역이 좋으며 특히 봄이 긴 지역이 마늘의 재배지역으로 적당하다.

우리나라에서는 제주도, 울릉도, 거문도, 중부 이남 지방에서 재배가 많이 되며 산간계곡으로 둘러싸인 의성, 단양 지방과 남해안 연안 지방 등에서 재배가 잘 되는 것은 토양환경뿐만 아니라 기후적으로 해동이 빠르고 초봄에 기온이 차차 상승되어 여름이 늦게 오고, 봄이 길어서 저온 기간이 길어 생장이 잘 되기 때문이다.

●● 잘 자라는 기온과 토양 환경

기온

마늘은 더위에 약하며 추위에도 강한 편이 아니므로 자연히 재배 지역은 한정되어 있다. 싹트는 것은 12~13℃가 좋고, 싹이 자라나는 온도는 15~20℃가 좋다. 그 이상 고온에서는 잘 자라지 못하고, 25℃ 이상에서는 불량하며 줄기, 잎이 마르게 된다. 그러나 반대로 10℃ 이하가 되면 생육이 저조하여 잘 자라지 않는다.

토양

마늘을 키우기 위해서는 점질 50% 이상의 땅이 가장 적당하며 이러한 토양에서 자란 마늘은 뿌리의 저장성이 길어지므로 마늘의 알뿌리가 건실하게 되고 내병성도 강해지며 더위와 추위에도 강해지고 비료분이 오래 유지될 뿐 아니라 건조기에도 급진적으로 마르지 않으므로 마늘 재배에 좋다. 또한 토양은 깊고 물이 잘 빠지며, 부식이 많은 비옥한 중점토나 점질 양토에서 마늘의 뿌리가 단단하고, 불량 마늘이 적게 나오는 등 우수한 마늘이 생산된다. 그러나 마늘은 습한 땅에서 썩기 쉽고, 모래땅과 같이 물이 잘 빠지는 토양에서는 병충해의 발생이 증가하며, 마늘 뿌리가 충실하지 못하고, 마늘 뿌리에 마늘쪽을 싸고 있는 껍질이 잘 벗겨지고 저장성도 저조하다.

●● 오래 먹는 방법, 말리기

마늘의 수확 후 저장 전처리로써 말리기를 꼭 해야한다. 수확 직후 마늘의 수분

함량은 약 85%이기 때문에 부패하기가 매우 쉽다. 일반적으로 말리기는 마늘의 수분 함량을 약 65%까지 감소시키는 것으로 부패를 상당히 막을 수 있어 저장기간이 길어진다.

수확한 마늘을 3~5일간 펴서 말린 후 잎과 줄기를 5cm 정도 남기고 자르며, 뿌리도 자르는 것이 좋다. 그 후 햇볕이 잘 드는 시멘트나 아스팔트로 된 바닥에서 5~6일간 더 말리면 말리기가 끝난다.

마늘 생산 현황

마늘의 전국 생산 현황을 보면 99년에는 42,416ha에서 484천M/T가 생산되고 있으며 1인당 소비량은 10kg 정도로 나타났다.

연도	면적(ha)	300평당 수량(kg)	생산량(천M/T)	1인당 소비량(kg)
1980	37,080	682	252	3.9
1985	39,015	657	256	6.27
1990	43,643	955	416	9.66
1995	39,636	1,165	462	9.89
1996	43,000	1,069	460	10.0
1997	40,600	1,108	450	10.0
1998	37,337	1,055	394	10.0 (추정)
1999	42,416	1,141	484	10.0 (추정)

4 **좋은 마늘 VS 나쁜 마늘**

마늘은 한번 구입하면 모두 한꺼번에 먹는 것이 아니라 두고두고 먹어야 하는 경우가 대부분이다. 따라서 좋은 마늘을 고르지 못하면 먹다 상해서 다 버려야 한다. 그리고 마늘은 토양과 기후 품종에 따라서 효능에 차이가 많기 때문에 좋은 마늘을 선택해야만 같은 양의 마늘을 먹어도 좋은 효과를 가져올 수 있다. 마늘을 구입할 때 다져 놓은 마늘을 구입하는 것도 편리하긴 하지만 여러 종류가 섞여 있어서 좋은 마늘인지 구분하기 어려우므로 가능한 통마늘로 구입하는 것이 좋다.

●● **좋은 마늘 고르기**

질이 좋은 마늘

1. 크기와 모양이 균일한 것이 좋다.
2. 한지형 육쪽 마늘이 효능이 높다.
3. 마늘 껍데기가 담갈색 또는 담적색인 것이 좋다.
4. 쪽수가 적고 알이 꽉 차 있는 것이 좋다.
5. 마늘쪽끼리 짜임새가 단단해 보이는 것이 좋다.
6. 마늘쪽을 감싸고 있는 겉껍질과 속껍질이 단단하게 부착되어 있는 것이 좋다.
7. 껍질은 얇고 잘 마른 것이 좋다.
8. 마늘색이 하얗고 통통하며 묵직한 것이 좋다.
9. 크기와 모양이 둥글고 여문 것이 좋다.
10. 햇마늘은 건조가 양호하고 저장성이 강한 것이, 저장 마늘은 싹이 돋지 않고 육질이 견고하며 변색되지 않은 것이 좋다.

질이 떨어지는 상품

1. 난지형 마늘에서 여러 쪽(10쪽 이상)인 것
2. 마늘통이 작은 것
3. 모양이 바르지 못하고, 크기가 균일하지 못한 것
4. 깨끗해 보이지 않은 것
5. 짜임새가 엉성해 보이면서 껍질이 잘 벗겨지는 것
6. 저장 마늘은 싹이 트고 썩은 공간이 많은 것
7. 육질이 노랗게 변질되거나 쭈글쭈글한 것
8. 껍질이 깨끗해 보이지 않는 것

●● 국산 마늘과 중국산 마늘 구별법

오늘날 중국산 농산물은 인체유해성 여부를 판별하는 검사 절차 없이 마구 유입되고 있으며 우리 식단을 점령하고 있다. 시중에 유통되고 있는 마늘 중 70%는 중국산이라는 통계조사가 나왔다. 그런데 마늘은 다른 농산물에 비하여 생산지의 기온이나 토양 기후에 따라서 효능의 차이가 많은 편이다. 효능이 부족하면 마늘을 더 넣어야 하므로 가격이 좀 싸다고 해도 결과적으로는 손해가 발생한다. 따라서 마늘만큼은 국산 마늘을 구입해서 사용하는 것이 좋다.

그러나 육안으로 봐서는 전문가도 국산과 중국산을 쉽게 구분할 수 없다는 점을 이용해 악덕 상인들이 중국에서 값싸게 수입 마늘을 대량 들여와 국산과 섞어 판매하고 있다고 한다. 따라서 가능하면 믿을 만한 소매점을 이용하거나 국산과 중국산 마늘을 구분할 줄 알아야 수입품이 밥상에 오르는 것을 막을 수 있다.

	국산 마늘	중국산 마늘
통마늘	- 수염뿌리가 붙어있으며 가늘다. - 속껍질이 연한 자주색을 띠고 흰줄무늬가 많고 껍질이 얇다. - 속껍질이 잘 벗겨지지 않고 마늘이 길고 가는 편이다.	- 수염뿌리가 없거나 약간 붙어 있으며 굵은 편이다. - 속껍질이 진한 자주색을 띠고 흰줄무늬가 적고 껍질이 두껍다. - 속껍질이 잘 벗겨지고 마늘이 크고 통통하다.
깐마늘	- 색깔이 연하고 맑게 보인다. - 모양이 뾰족하고 날씬하다. - 등부분의 표면골이 많고 깊다. - 뿌리 부분의 면적이 좁은 편이다. - 마늘이 세 개의 면(面)을 이룬다.	- 색깔이 우윳빛처럼 뿌옇다. - 모양이 통통하고 끝 부분이 뭉툭하다. - 등 부분의 표면골이 적고 얕다. - 뿌리 부분의 면적이 넓은 편이다. - 마늘이 네 개 이상의 면(面)을 이룬다.

(출처 : 국립농산물품질관리원)

5 귀한 마늘, 알뜰살뜰 오랫동안 먹는 법

• • 마늘 저장법

상온 저장

충분히 건조된 마늘의 저장은 환기가 잘 되고 습기가 높지 않은 서늘한 창고를 이용하는 것이 좋다. 양이 많을 때의 저장 방법은 일반 농가에서 재래식 저장법으로 실시하고 있는 것처럼 마늘대를 20cm 정도로 절단하고 부패 또는 상처난 것 등을 선별하여 정선된 마늘을 접 단위로 엮어서 저장하는 것이 좋다. 양이 많을 때의 저장 방법은 마늘의 뿌리와 대를 완전히 절단하여 바람이 잘 통하는 그물망에 넣어 보관하거나 소쿠리에 넣어 보관하면 좋다.

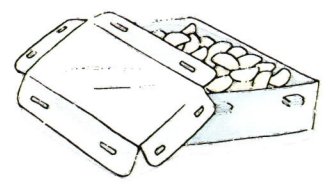

저온 저장

저온 저장은 수확 후 손실량을 줄이는 안전 저장법으로 온도 0℃, 습도 60~70%로 7~8개월 저장이 가능하다. 저장 방법은 일반 저장법과 같이 엮거나 그물망 등 통기가 잘 되는 용기에 넣어 저장한다.

냉동 저장

냉동 저장은 수확 후 손실량을 줄이는 안전 저장법으로 수확 직후에는 −3~−4℃이며, 말린 후에는 −4.5~−5℃인 점을 이용하여 동결점보다 약간 높은 온도에서 저장하는 방법이다. −2℃ 이하에서 저장하면서 상당히 감소하고 −4℃에서는 호흡도 극히 억제되어 장기 저장이 가능하다.

마늘, 찧어서 보관하는 방법
마늘을 찧어서 보관하려면 적당량을 비닐백에 넣어 나무젓가락으로 칸을 나눈 후에 냉동시켜 필요한 만큼 꺼내어 잘라 쓰면 편리하며 마늘을 썩혀서 버리는 일이 없어진다.

•• 마늘의 녹변

마늘의 녹변은 가정에서 마늘을 다져서 냉장고에 보관할 때 녹색으로 변하는 현상이다. 흔히 볼 수 있는 현상이지만 비위생적 처리 또는 변질 등의 의심을 유발시킬 수 있다.

녹변은 마늘 구성 성분 간의 효소 작용에 의한 것으로, 마늘을 저온 저장할 경우 휴면기에 들어갔던 효소가 밖으로 나오면서 활성화되어 마늘 색깔이 변하기 때문이다. 따라서 마늘에 녹변 현상이 나타나도 마늘 성분 자체는 이상 없으며 인체에 전혀 해롭지 않지만 보기가 좋지 않아 상품성에는 문제가 된다. 마늘의 녹변 현상은 3~4월에 유통되는 장기간 저장한 마늘을 가공, 보관할 경우 나타날 가능성이 높다. 따라서 녹변을 방지하기 위해서는 저온 저장(25℃)을 피하고 특히 pH 5 이하에서는 녹변 현상이 억제되므로 마늘을 다질 때 식초를 조금 첨가하면 변색을 막을 수 있다.

Ⅱ. 암도 막아내는 마늘, 왜 좋은가?

마늘은 예로부터 다양한 약효를 지닌 식품으로 인식되어 왔다. 그 동안에는 마늘의 효능을 경험적으로만 확인해 왔지만 최근에는 여러 가지 과학적인 실험을 통하여 그 효과를 확인하고 있다. 최근까지 알려진 마늘의 효능은 거의 모든 부분에서 그 효능을 인정받고 있어 한마디로 마늘은 만병통치의 기능을 가진 식품이라고 할 수 있다.

1 항암 작용 및 예방에 기여

마늘의 유기성 게르마늄, 셀레늄 등은 암세포의 발병을 억제하고 인체세포를 활성화시키므로 항암 작용 및 예방에 도움이 된다. 또한 마늘은 인체의 면역력과 저항력을 향상시키는 역할을 함으로써 암을 예방하는 효과가 있다. 현재 쥐를 이용한 동물실험에서는 이미 간암, 폐암, 피부암에 효과가 있었고 구강암, 직장암에 대해서도 현재 연구가 진행중이다.

2 강정(强精), 강장(强壯)에 도움

마늘에는 게르마늄이 들어있는데 게르마늄은 비타민 B_1과 결합 시 비타민 B_1을 무제한으로 흡수하여 저장하는 역할을 한다. 비타민 B_1은 몸이 지치거나 피로시 사용한다. 따라서 마늘은 인체에 작용하여 체력을 증강하고, 인체의 기관과 세포의 활력이 증진되어 갱년기 장애, 중년기 스태미나 보강에 효능이 있다. 특히 마늘에 들어있는 위화아릴이라는 약효성분은 혈액을 따라 순환하면서 세포에 활력을 주고 성선(性腺)을 자극, 성호르몬의 분비를 촉진하기 때문에 강정에 도움이 된다.

3 고혈압 예방

몸에 퍼져 있는 실같이 가는 말초 혈관은 나이가 들수록 노폐물이 쌓여 막히고 특히 손, 팔, 다리, 심장, 뒷머리에서 혈액 순환이 제대로 되지 않는다. 마늘은 혈전을 녹여 막힌 혈관을 뚫고 혈액 순환을 촉진한다. 또한 마늘에 들어 있는 칼륨은 혈중 나트륨을 제거하여 혈압을 정상화시키는 역할을 하여 혈압을 조절하는 작용을 한다.

4 노화 예방

노화는 인체의 신진대사 기능이 저하되고 건강하고 신선한 세포가 감소하면서 노쇠한 세포가 증가하는 현상이다. 마늘은 인체의 기본 구성단위인 세포를 활성화하는 작용을 함으로써 스태미나 증진과 강장작용을 유발시키므로 노화 예방에 좋다. 마늘의 가장 중요한 기능 중의 하나는 체력증진을 통해 노화를 지연시키고 현대인의 3대 질병인 심혈관 질환, 뇌혈관 질환, 암과 당뇨병 등의 억제작용을 하며 이들 질환 인자를 가진 사람의 체질을 개선할 수 있다는 점이다.

5 피부노화 저지

마늘이 가지고 있는 세포 활성화 작용은 피부 세포의 노화를 막는다. 또한 혈관을 확장해서 피의 흐름을 좋게 하므로 피부의 신진대사가 촉진되어 피부의 늙은 각질을 떨어뜨리고 피부의 바탕을 윤이 나게 한다. 실제로 마늘을 자주 먹는 여성의 피부는 전반적으로 윤이 나고, 얼룩과 주근깨, 잔주름 등이 마늘을 자주 먹지 않는 여성에 비하여 적은 것으로 나타났다.

6 간기능 향상

마늘의 알리신이 간세포의 기능을 크게 활성화시켜줄 뿐만 아니라 시스테인, 메티오닌 성분의 강력한 해독작용으로 간장의 기능을 향상시키는 역할을 한다. 또한 알리신은 수은, 카드뮴 등의 유해물질이 장벽에서 흡수되는 것을 방지하는 기능이 뛰어나다. 중금속류는 체내에 들어가면 장에서 흡수된 후 간에서 해독되어 담즙과 같이 십이지장으로 배출된다. 그러나 일부는 다시 장벽으로 재흡수되어 간으로 되돌아가는데, 마늘은 이러한 유해물질을 재흡수하는 것을 저지하는 역할을 수행한다.

7 정장 및 소화작용을 촉진

마늘의 알리신은 위점막의 세포를 자극, 위액의 분비를 촉진시켜 위의 소화능력을 높여 주고 아울러 위점막의 저항력도 강하게 해서 건강한 위를 만드는 효과가 있다. 위가 튼튼하게 되면 소화흡수력이 증가하여 영양이 신체의 구석구석까지 공급되고 피의 흐름이 좋아져 허약체질도 개선된다.

8 당뇨병 치유

당뇨병은 췌장에서 분비되는 호르몬인 인슐린 부족으로 발병된다. 이에 따라 당분이 다른 영양소로 바뀌지 못하고 혈중에 남게 된다. 현재 노화로 인한 당뇨병을 치료하는 길은 인슐린을 만들어 내는 기능을 다시 부여하는 방법 외에는 없다. 마늘에는 에너지대사를 촉진하는 비타민 B₁과 주성분인 알리신이 상호 결합하여 알리치아민으로 전환되어 비타민 B₁보다 강력한 당질대사를 촉진하여 당

뇨병을 치유한다. 또한 알리신은 체내의 비타민 B_6와 결합하여 췌장의 세포를 활성화시켜 인슐린의 분비를 촉진한다.

9 감기 예방

감기는 바이러스에 의하여 발생하는데 평소 대기 중에 부유하던 바이러스가 겨울의 춥고 건조한 공기 때문에 코 점막의 저항력이 약화됐을 때 바이러스의 침입이 용이하기 때문이다. 또한 무리하여 피곤하고 몸의 저항력이 저하됐을 때 감기 바이러스가 침입하는 것이다. 마늘의 알리신, 스콜디닌, 디아릴디설파이드는 피의 흐름을 개선시키고 몸을 덥게 하며 특히 알리신은 살균이나 항균력이 있어 감기균이나 인푸루엔자 바이러스의 활성을 약화시켜 감기를 예방할 수 있다.

10 불면증 해소

쾌면은 건강유지의 필수조건 중 하나이다. 마늘의 알리신이나 비타민 B_1은 신경세포의 흥분을 억제하고 신경을 진정시키는 작용을 하여 잠을 잘 오게 하는 역할을 한다. 특히 취침 전 마늘성분을 섭취하면 체내의 피의 흐름이 개선되어 몸을 덥게 하고 숙면을 취하게 된다.

11 기 타

마늘은 몸의 노폐물 배설을 촉진, 비만 예방과 다이어트에도 탁월한 효과를 발휘한다. 또한 알리신은 위와 장의 점막을 자극, 소화효소의 분비를 촉진하므로 위 점막의 저항력과 소화능력을 제고시키고 대장의 정장작용을 한다.

Ⅲ. 마늘 성분 분석

마늘은 세계적으로 건강에 좋다는 이유로 점차 각광받는 식품으로 인정받고 있다. 마늘에는 단백질, 지방질, 무기질과 비타민이 풍부하여 우리 몸에 다양하게 이로운 작용을 하고 있다. 특히 알리신과 알리인은 암과 노화를 예방하는 것으로 알려져 있다.

마늘 100g당 영양가 성분 및 폐기율을 보면 다음과 같다.

에너지 (Kcal)	단백질 (g)	지방질 (g)	무기질		비타민					폐기율 (%)
			Ca(mg)	Fe(mg)	A(IU)	B_1(mg)	B_2(mg)	NiaciN당량(mg)	C(mg)	
145	3.0	0.5	32	1.6	-	0.33	0.52	0.1	7	10

•• 마늘의 화학적 분석

한방에서 마늘은 예로부터 노화를 예방하는 물질로 규정하고 있다. 이것은 혈관 세포의 신진대사를 원활케 하여 탄력성을 제고하고, 끈끈해진 혈액을 맑게 하여 유연하게 만들어 주기 때문이다. 혈관의 노화인 동맥경화는 심근경색, 협심증이나 뇌졸중을 야기하는데 건강한 혈관은 풍선처럼 신축성이 풍부하고 유연하지만 동맥경화증이 진행되면 그 내부를 흐르는 혈액의 콜레스테롤이 증가되어 끈끈해지므로 혈관내벽에 혈전이 엉겨붙어 혈관이 좁아지고 신축성이 저하되면서 혈액순환이 잘 되지 않는 것이다.

•• 알리신(allicin)

알리신(allicin)은 알리인(allin)과 효소 알리나제(allinase)의 결합에 의하여 생성되는데, 여러 물질과 용이하게 결합하는 성질을 가지고 있으며 특히 체내에서는 지방, 당, 단백질과 결합하여 새로운 물질이 되어 인체에 여러 가지로 유익하게 작용한다. 따라서 마늘이 다양한 질환에 효능이 있는 것은 주로 알리신의 특성에 의한 것이라 할 수 있다.

살균 효과	알리신 1mg은 페니실린 15단위 상당의 살균 효과를 가지고 있으며, 소독액 석탄산보다는 1.5배 이상 강력한 효과를 보유하고 있다.
항 혈전 작용	알리신은 피를 엉기지 않게 하는 항 혈전 작용과 피속의 콜레스테롤을 감소하는 작용을 한다.
흥분 진정	알리신은 인체의 신경에 작용하여 신경세포의 흥분을 진정시키는 작용을 한다.
신진대사 촉진	체내에서 비타민B_1(thiamin)과 결합, allithiamin(활성비타민B_1)화(化)하여 비타민B_1(thiamin)의 분해를 방지하고 신진대사를 촉진함으로써 '마늘을 먹으면 힘이 솟는다' 는 이론을 뒷받침한다.
노화 방지	체내에서 생성되는 과산화 지방생성을 억제하여 노화를 방지하는 기능을 가지고 있다.

•• 알리인(allin)

단백질이며 자체 마늘 특유의 냄새가 나지는 않으나 표면에 상처가 났을 때 특유의 냄새가 난다. 이것은 알리인이 효소 알리나제의 작용에 의해 알리신이라고 하는 휘발성으로 황을 포함한 단백질로 변하기 때문에 냄새가 난다. 체내의 활성산소를 제거하는 황 산화작용으로 노화를 억제하는 역할을 한다.

효과	- 효소 알리나제(allinase)와 결합하여 알리신(allicin)으로 변한다. - 비타민B_1과 결합하여 allithiamin(활성비타민B_1)이 된다. - 장내의 비타민B_1를 분해하는 효소 aneurinase는 알리인(allin)을 파괴하지 못하며 오히려 비티민B_1(thiamin) 파괴 기능이 약화된다.

●● 스코르디닌(scordinin)

스코르디닌은 무취이며 일정한 농도에서 혈압을 낮추며 심장의 수축과 확장을 조절하는 작용을 하고, 혈중 콜레스테롤량을 낮추어 동맥경화증, 지방간을 예방하며, 스코르디닌의 구성 성분인 프리찌아마미딘은 항암 작용이 있다. 또한 체력증진, 성장촉진, 강장 효과와 근육증강 효과가 있다.

비타민 B_1(thiamin) 단독투여 시에는 동물 체내에 일정량 이상은 흡수되지 않으나 스코르디닌과 병행투여 시 간장 내 보류되는 비타민 B_1(thiamin)의 양이 월등하게 증가한다.

●● 크레아틴(creathine)

마늘을 먹으면 생체 내에서는 글리코시아민의 메틸화로 합성되고 ATP에 의해 효소적으로 인산화되어 크레아틴산이 된다. 오줌으로 배출된 크레아티닌은 크레아틴에서 유래하는 것으로, 사람의 오줌 속의 양은 일정하나 운동을 하면 증가한다. 크레아틴(creathine)은 스코르디닌(scordinin)의 성분으로서 근육증강 효과와 성장발육 효과가 있다.

●● 알리나제(allinase)

알리니민(아로나민)
일본의 후지하라 박사가 알리신(allicin)과 비타민B_1, 단백질을 혼용하여 합성한 것으로 강정, 소화촉진 기능이 있다.

알리인(alliin)을 분해시키는 작용을 하여 알리신(allicin)으로 되면서 강한 냄새를 내게 하며 열에 약한 성질을 가지고 있다.

●● 알리티아민(allithiamin)

알리티아민(allithiamin)은 장내 어떤 세균에도 파괴되지 않고 흡수가 잘 돼 '활성 비타민 B_1'으로도 불린다. 당질을 분해해 에너지를 만드는 데 중요한 역할을 하며, 체내에 잘 흡수된다. allithiamin(활성비타민 B_1)은 비타민 B_1(thiamin)보다 훨씬 체내에 흡수가 잘 되며 활력증진, 피로회복 기능을 한다. 알리티아민을 화학적으로 합성한 것이 바로 약국에서 흔히 접하는 아로나민(알리니신)이다.

● ● 게르마늄(germanium)

게르마늄에는 인체를 교정하는 많은 효능들이 존재하고 있으며, 스태미나 증진, 피로회복 기능을 한다. 게르마늄은 혈액을 통해 뼈, 간장, 췌장을 지나면서 체내에 산소를 고루 공급하며, 암을 방지하는 기능을 하며 콩팥을 통해서 오줌으로 전부 배출된다.

● ● 시스테인 (cysteine)

간장의 효소를 활성화시킴으로써 해독력을 높이고 에너지 발생을 촉진하여 전신권태를 개선한다.

● ● 캡사이신

마늘의 매운 맛을 나타내는 성분으로 과산화 지방, 활성산소의 생성을 차단하여 노화억제 기능을 하는 것으로 알려져 있다.

| 효과 | - 신진대사를 촉진해 칼로리 소모량을 늘리고, 우리 몸에 있는 흰색 지방세포(지방 축적시킴)와 갈색 지방세포(지방을 태워서 열을 발생시킴) 중에서 갈색 지방세포에 작용해 지방 분해를 촉진하여 지방 축적을 막는 효능이 있다.
- 인체에서 땀을 내는 등 기운을 발산하고 확산시키는 작용을 한다.
- 위액 분비를 촉진하고 식욕부진을 해소하며, 혈액순환을 촉진하고 우울하고 침체된 기분을 없애는 역할을 해준다.
- 노화를 지연시키는 작용을 하며 소금을 덜 먹게 만드는 효과도 있다.
- 열에 강하며 비타민이 산화되는 것을 막아주기 때문에 조리를 해도 영양소 파괴가 적다. |

●● 셀레늄

셀레늄은 비타민과 함께 대표적인 항산화 영양소로 노화 및 피부질환 예방, 항암 등에 효능이 있는 것으로 알려져 소비자들의 관심이 높아지고 있다. 셀레늄은 재배과정에서 토양 속에서 흡수되며 심장혈관 질환(동맥경화, 심근경색, 협심증, 뇌졸중 등) 예방 기능을 한다.

마늘의 효능

음식점에 가보면 마늘이 나오는 경우가 많다. 실제로 많은 나라에서 마늘은 입맛을 돋구는 재료로 쓰이고 있다. 빈속에 생마늘을 많이 먹으면 위장 장애를 일으키지만 한두 개만 먹으면 위를 자극해서 소화액의 분비를 촉진하고 음식맛을 돋군다. 또한 마늘은 정장작용을 한다. 마늘 속의 알리인과 비타민 B,이 결합된 알리아치민은 기능이 떨어진 장의 운동을 촉진시킨다

고기를 먹을 때 마늘을 함께 먹는 것은 마늘이 고기의 비린내를 없애 주고 맛을 좋게 하며 함께 먹으면 단백질을 응고시켜 위에 대한 자극을 가볍게 하여 소화를 돕기 때문이다.

●● 아연(zn)

아연(zn)은 성호르몬의 활성화에 중요한 역할을 하는 영양소로 마늘의 아연 함유량은 어떤 식물보다도 월등히 높다. 아연은 효소기관(내외분비) 세포의 유지를 지휘 감독하며, 근육의 활동에 관여한다. 또한 혈액의 산도와 안정 균형을 위하여 중요하게 쓰인다.

Ⅳ. 마늘 단점을 극복하고 장점을 취하자

마늘에 대한 관심이 전세계적으로 높아지고 있지만 다른 식품들이 그렇듯이 마늘도 장단점이 있기 때문에 우리는 그 특성을 잘 알고 이용해야 한다. 마늘은 매운맛이 있어 위장의 운동을 촉진시킬 뿐 아니라 식욕을 나게 하고 변비의 예방과 치료효과도 있으나 갑자기 많이 먹으면 위의 점막을 자극해서 위통을 일으키기도 한다.

WHITE FOOD

① 마늘의 냄새를 없애는 방법

원래 마늘 속에는 세포막을 사이에 두고 알리인(allin)과 효소 알리나제(allinase)라는 효소가 들어있다. 마늘을 먹게 되면 이 세포막이 파괴되고 알리인(allin)은 분해되어서 알리신(allicin)이 되어 독특한 악취를 풍기게 된다. 이처럼 마늘을 먹으면 본인은 물론 주위의 동료들에게 좋지 않은 냄새를 풍기게 되는데, 이것을 막기 위해서는 다음과 같은 방법이 있다.

●● 마늘을 굽는다

마늘은 섭씨 60°C만 넘게 되면 제대로 기능을 발휘하지 못한다. 따라서 마늘을 익히거나 구우면 이러한 냄새가 없어지거나 적어진다. 그러나 마늘을 익히거나 구우면 영양분이 파괴되고 강장 효과가 떨어진다고 억지로 생마늘을 먹는 사람들이 있으나, 이것은 꼭 좋은 것만은 아니다. 마늘을 생으로 먹으면 마늘의 매운맛이 독이 될 수도 있기 때문이다. 따라서 익은 마늘에는 영양분의 변화로 인하여 일부 효과는 줄지만 구운마늘이 전혀 효과가 없다고는 할 수 없다. 실제로 생마늘은 구운마늘보다 항암 효과가 많으며 특히 직장암이나, 결장암에 탁월한 효과가 있다는 연구보고가 있다.

●● 식초에 담가 먹는다

마늘 냄새를 내는 효소는 산에 의해 파괴되어 버리기 때문에 식초에 오래 담가두고 먹는 것도 좋다.

② 입안의 마늘 냄새를 없애는 법

사람들이 마늘을 꺼리는 이유는 바로 냄새 때문이다. 특히 데이트나 사업상 중요한 사람을 만날 때 입에서 나는 마늘 냄새는 분명 좋은 인상을 주지 못한다. 그럼 어떻게 마늘 냄새를 없앨 수 있을까? 다음과 같은 방법을 쓰면 어느 정도 제거된다.

- 마늘을 먹은 후 녹차잎을 씹으면 효과적이다. 녹차 안의 후라보노이드라는 물질이 마늘 냄새를 흡수해 준다.
- 파슬리잎을 씹으면 신기하리 만큼 마늘 냄새가 사라진다.
- 우유를 마시면 냄새가 많이 줄어드는데 이는 우유성분의 아미노산이 마늘냄새의 성분인 아닐린과 결합하기 때문이다.
- 김을 한 장 먹으면 마늘 냄새가 사라진다.
- 커피 원두 5~6알을 입안에서 잘근잘근 씹으면 원두성분이 마늘 냄새와 결합되어 냄새를 없애 준다.
- 땅콩을 씹어 먹는다.
- 단백질이 마늘 냄새와 잘 결합하는 것을 이용, 치즈, 달걀, 소시지 등을 함께 먹어도 좋다.
- 껌을 씹으면 침의 분비가 증가해 침 안의 단백질이 마늘냄새 성분과 결합하여 위장으로 넘어가 냄새를 제거하는 효과가 있다.

WHITE FOOD

3 아는 것이 힘, 성분별 이용 방법

병상	마늘의 주요성분	주된 작용	유효한 이용방법
위궤양	지질알리신	위점막의 자극과 활성화	구운마늘
위약, 식욕부진	알리치아민, 당질알리신	위액분비단백질 소화촉진	마늘술, 요리에 넣음
감기	알리신, 지질알리신	대사의 활성화, 항균, 해열, 진정, 소염작용 등	구운마늘, 착즙, 마늘술
암	알리신당질, 지질알리신	제암작용, 체력증강	구운마늘, 마늘술
간장장애	알리신, 지질알리신	유해물질의 무독화 및 배설작용, 세포지조직의 작용 활발화	구운마늘, 마늘술, 요리재료에 넣음
기관지천식	알리신, 알리치아민	대사의 촉진, 항알러지	
강정, 강장	알리신, 알리치아민 당질 지질알리신	신경조직 자극(흥분 전달을 촉진), 호르몬분비 촉진 활발화	구운마늘
결핵	알리신	항균작용, 대사활발화, 유해 물질배설, 해독, 분해작용 촉진, 체력증강	마늘다대기, 구운마늘, 마늘술
고혈압	알리신, 지질알리신	혈관확장작용, 항혈전작용 콜레스테롤 저하, 대사활발	구운마늘, 마늘술
고지혈증	알리신, 당질알리신	항산화작용, 항지질작용 대사의 활발화	구운마늘, 요리에 넣음
손발동상, 틈	알리신, 당질알리신	혈행촉진, 보온 보습 효과	같은 마늘을 넣은 미지근한 탕에 환부를 담근다. 마늘목욕, 요리에 넣음
비혈, 축농증	알리신, 당질알리신	항균작용, 체력증강	다진 마늘을 발바닥에 바른다. 요리에 넣음
냉증	알리신, 당질알리신	항균작용, 증혈작용, 세포기능 활발화	마늘복용, 마늘구이
피부명	알리신, 지질알리신	항균, 살균작용, 항생체성 세포의 활성화	마늘생즙을 환부에 바른다. 요리에 넣음
편도염	알리신	살균작용, 체력의 증강 저항력의 강화	생즙을 탈지면에 묻혀 염증부위에 바른다.
충치, 치통	알리신	항균, 살균작용 신경의 진정화	다진 마늘을 아픈 부위에 접착

병상	마늘의 주요성분	주된 작용	유효한 이용방법
요통	알리신	신경의 진정 안정 대사의 활발화	마늘을 바른다.
갱년기 장애	알리신당질, 지질알리신	신경의 진정, 안정, 호르몬의 생성, 체력증강	마늘술, 구운마늘, 요리에 넣음
심근경색	알리신, 당질알리신	항혈전작용 콜레스테롤 저하작용	구운마늘
심장신경증	알리신	대사의 활발화 신경안정화	구운마늘, 요리에 넣음
가슴두근거림	알리신	대사의 활발화 신경의 안정화	구운마늘, 요리에 넣음
당뇨병	알리치아민, 지질알리신	당대사의 안정화, 대사의 활발화, 체질개선, 자연치유력의 강화, 인슐린분비 향상	마늘술, 요리에 넣음
동맥경화	지질알리신	혈관확장, 항혈전 콜레스테롤 저하	구운마늘, 마늘장아찌
뇌경색	알리신	항혈전작용, 항지질작용	구운마늘, 마늘술
피로회복 체력증강	알리신, 알리치아민	단백질의 생성증가와 흡수의 활발화	구운마늘, 마늘술

(자료 : http://manultop.com/m_manul/m_manul_3.htm)

4 **본초강목에서 본 마늘의 약효**

본초강목(本草綱目)에서 마늘은 강장, 강정, 정장, 변비, 식욕증진, 보온, 항균, 구충, 혈압강하, 신경안정 등 모든 부분에 약효가 있는 것으로 기록하고 있다.

쇠약한 몸을 보하고 기를 내린다.

종양을 제거하고 독기를 제거한다.

마늘을 약간 익혀 먹으면 음욕이 발한다.

마늘 즙을 먹으면 토혈과 심장병에 좋다.

즙을 달여 먹으면 목과 머리가 뻣뻣하고 등과 허리가 휘는 것이 낫고 토혈과 심장병을 다스린다.

- 각기에는 붕어와 같이 환을 지어 먹는다.
- 달팽이가루와 같이 환을 지어 먹으면 수종이 낫는다.
- 황단과 같이 먹으면 설사와 학질이 낫는다.
- 항문 속에 마늘을 넣으면 변비가 없어진다고 했다.
- 입이 마른 것을 고치며 심폐를 기르고 열독을 없애며 피부를 윤기나게 한다.
- 마늘과 함께 우유를 마시면 냉증에 좋다.
- 노인은 삶아서 먹는 것이 좋다.
- 여기에 생강이나 파를 넣어서 먹으면 어린아이의 구역질에 좋다.

5 **마늘을 이용한 민간요법**

마늘을 이용한 민간요법은 우리의 마늘 역사만큼이나 다양하게 사용하고 있다. 마늘을 하루에 2~3쪽씩 먹으면 우리 몸에 약이 된다. 하지만 생마늘을 과다하게 복용하면 오히려 몸에 자극을 줄 수 있다. 이럴 때에는 구워 먹거나, 갈아서 물에 타 마시거나, 술에 담가 먹으면 좋다. 마늘이 몸에 좋다고 해서 많이 먹는 것보다는 먹을 때는 몸의 상태에 알맞게 먹어야 하며 과식하지 말고 매일 매일 조금씩 먹어야 효과가 있다. 특히 주의할 것은 마늘이 아무리 좋다고 해도 생마늘을 으깨서 상처에 바르거나 생즙을 내서 피부에 바르는 것은 심한 자극을 일으키게 된다. 따라서 피부가 따갑게 되므로 가려운 증상을 잠시 잊을 수는 있겠지만, 그것도 잠시일 뿐이고 화학적 화상으로 인하여 더 큰 고생을 하게 될 가능성이 많으므로 특히 주의를 기울여야 한다. 마늘즙을 바르는 민간요법은 한번 해보아서 피부에 이상이 없을 경우만 해야 한다. 만약 피부가 빨갛게 화상을 입거나 가려울 경우, 진물이 나는 경우는 바로 중단해야 한다.

병 상	치료방법
가 래	마늘 한 개를 삶아 다져 달걀 한 개에 섞어서 한 번에 먹는다.
감 기	마늘 5g+생강 8g 또는 생마늘 2~3개를 1회분 기준으로 달여서 1일 2~3회씩 2일 정도 복용한다. 생마늘은 생식하거나 술에 담가서 복용하면 좋다.
건선(乾癬: 마른버짐)	마늘을 다져 마늘즙을 내어 0.5% 수용액으로 1일 4~5회씩 나을 때까지 환부에 바른다.
기침, 기관지염, 천식	마늘을 삶아 꿀이나 물엿에 섞어 먹는다.
냉 증	마늘의 엷은 껍질을 벗기고 꿀에 담가 6개월쯤 저장해 둔 다음 하루 한두 쪽씩 꾸준히 먹는다.
무 좀	무좀은 백선균이라는 곰팡이가 발에 기생하여 생기는 피부병인데 마늘의 주성분인 알리신이 강력한 살균 및 항균작용을 하여 마늘즙 0.5% 수용액으로도 곰팡이균, 티푸스균, 비브리오균 등을 죽인다.
복 통	마늘을 다져 설탕가루를 뿌리고 물을 부어 약한 불에 끓인다. 이것을 마개 있는 병에 넣어두고 하루 3번 식사 후에 먹는다. 배가 차가우면서 살살 아픈 경우 효과가 크다.
변 비	마늘을 일상생활에서 자주 먹으면 육식을 많이 하는 경우라도 마늘알리신이 대장을 자극하여 대장의 연동운동을 촉진하기 때문에 변비가 없어진다.
백선, 내형, 탈모증	마늘의 생즙을 짜서 마늘즙 0.5% 수용액으로 환부에 바르고, 마늘즙이 마른 후 씻어내면 좋다.
불면증	마늘 15개를 삶거나 구워서 1일 2~3회씩 1주일 정도 공복에 복용한다.
비 만	마늘을 지속적으로 먹으면 마늘에 함유된 미네랄이 혈액을 맑게 하고 체액을 활성화시켜 체내의 노폐물대사가 촉진되어 체지방이 빠지고 피부가 맑아진다.
심장병	구운마늘 15~20개를 1회분 기준으로 1일 2회씩 1주일 이상 먹는다.
위 염	마늘 1개를 잘 구워서 벌꿀과 섞어 천천히 먹는다.
저혈압	마늘 1통을 강판에 갈아 볶는다. 여기에 검은깨 1홉을 섞어서 꿀 180cc와 함께 병에 넣고 1개월 정도 재둔다. 팥 크기로 환을 만들어 1일 2회 더운물에 타서 마신다.
정력증진	구운마늘 15~20개를 1회분 기준으로 1일 2~3회씩 5~6일 먹는다.
충 치	구운마늘 15~20개를 1회분 기준으로 먹으면서 아울러 구운마늘을 입에 넣고 있는다. 2~3회 하면 통증이 가신다.
치 질	마늘을 한 쪽씩 떼어내 속껍질을 벗기지 말고 알루미늄 호일에 싸서 구운 후 환부에 찜질하면 통증이 줄어든다. 마늘을 복용하면 변비가 사라지게 하고, 혈액순환을 개선하므로 항문주위의 울혈을 없애주어 치질을 고칠 수 있다.
편도선염	마늘 한쪽 반을 갈아 즙을 내어 물1컵에 타서 마늘 주스를 12~13회로 만들어 마신다.
피부 미용	옛날 궁중의 왕비들이 아름다움을 위해 이용했던 방법으로 마늘로 목욕하거나 마사지를 하면 피부가 곱고 깨끗해질 뿐만 아니라 혈액순환이 촉진되어 혈색까지 좋아진다.

V. 우려 먹고, 담가 먹는 마늘 요리

1. 마늘차

2. 초마늘

3. 마늘 피클

4. 마늘 장아찌

5. 마늘쫑 샐러드

6. 건강 마늘 꿀환

7. 마늘쫑 고추장 무침

8. 빵과 잘 어울리는 마늘버터

9. 새송이 버섯구이와 검은깨 마늘소스

10. 마늘 초피클

11. 마늘 스파게티

12. 마늘잼 샌드위치

13. 마늘쫑 돼지고기 볶음

1. 마늘차

이러한 재료가 필요해요~

마늘 2통, 꿀 1큰술, 물 300ml

마늘차는 오래된 기침에 좋습니다.

❶ 마늘의 껍질을 벗기고 씻어서 절구에 넣고 찧는다.

❷ 마늘즙만 따라낸다.

❷ 끓는 물에 마늘즙을 넣어 마신다.

한국인에 있어 마늘없는 식단은 상상할 수가 없다. 각종 김치와 국, 찌개, 무침까지 광범위하게 사용되는 마늘이지만 제대로 먹는 법을 알지 못하면 큰 독이 되기도 하고 어떤 경우에는 도리어 해가 되기도 한다. 마늘의 알리신은 대단히 자극적이다. 따라서 자신의 평소 체력이나 컨디션을 배려하여 섭취량을 조절해야 한다. 마늘이 좋다고 해서 과식은 오히려 좋지 않다. 보통 하루에 2, 3조각을 섭취하는 것이 적당하다. 마늘은 섭취 후 6~12시간 안에 효과가 나타나고 1~2일이 지나면 최고가 되며, 2일째부터 점점 하강하기 시작한다.

1. 껍질을 벗긴다.

2. 절구에 넣고 찧는다.

3. 끓는 물에 마늘즙을 넣는다.

2. 초마늘

이러한 재료가 필요해요~

마늘 2컵, 식초 600ml

식욕과 소화를 촉진시켜 줍니다.

❶ 마늘은 연한 것으로 준비하여 껍질을 벗겨 씻은 후 물기를 제거한다.

❷ 유리병에 담아 식초를 가득 부어 냉장고에 열흘 정도 보관한다.

❸ 아린맛과 냄새가 빠지면 식초를 모두 빼버리고 다시 식초를 부어 넣는다.

❹ 하루에 한두 쪽을 먹는다.

1. 마늘은 연한 것을 준비한다.

2. 씻은 후 물기를 제거한다.

3. 식초를 부어 넣는다.

3. 마늘 피클

이러한 재료가 필요해요~

마늘 30개, 양파 1/4개, 정향 약간,
통 후추 약간, 월계수 잎 3잎, 소금 1/2컵,
식초 1/2컵, 설탕 1/4컵

❶ 마늘은 연한 것으로 준비하여 껍질을 벗겨 씻은 후 물기를 제거한다.

❷ 양파는 껍질을 벗기고 물에 씻어 2cm 폭으로 채 썬다.

❸ 냄비에 물을 붓고 식초, 설탕, 정향, 후추, 월계수 잎, 소금, 설탕을 넣고 팔
팔 끓인다.

❹ 병에 마늘을 넣고 사이에 양파를 넣은 후 ③을 넣고 뚜껑을 꼭 닫아 밀폐
시켜 놓는다.

❺ 3일 정도 지난 후에 국물만 따라서 팔팔 끓여 식힌 다음 다시 붓고 잘 밀봉
한다. 10일 정도 지나면 먹을 수 있다.

1. 물에 씻은 후 물기를 제거한다.

2. 양파는 2cm 폭으로 채 썬다.

3. 냄비에 물을 붓고 재료를 넣고 끓인다.

4. 마늘 장아찌

이러한 재료가 필요해요~

마늘 50통, 식초 3컵, 소금 1컵,
설탕 1/2컵,

❶ 마늘의 줄기 부분을 잘라 내고 겉껍질을 한 번 벗긴 다음 씻어서 식초에 1주
일쯤 절인다.

❷ 마늘의 향이 없어지면 식초물을 덜어 내어 소금과 설탕을 넣고 끓여 식혀
놓는다.

❸ 용기에 마늘을 담고 ②의 재료를 부어 마늘 위까지 잠기도록 한 다음 뚜껑
을 덮어 저장한다.

❹ 저장 중 3~4번 정도 반복해서 간장물을 덜어 내고 끓여 식혀서 붓는다.

1. 마늘을 준비한다.

2. 소금과 설탕을 넣고 끓인다.

3. ②의 재료를 붓는다.

5. 마늘쫑 샐러드

이러한 재료가 필요해요~

마늘종 100g, 홍고추 1/2, 설탕 1t,
식초1 t, 다진파 약간, 소금 약간

❶ 마늘쫑 깨끗이 씻어 준비한 후, 4~5cm 길이로 자른다.

❷ 끓는 물에 약간의 소금을 넣고 살짝 삶아 건져낸다.

❸ 홍고추는 반으로 갈라 얇게 포떠서 같은 크기로 가늘게 채 썬다.

❹ 분량의 양념에 무쳐낸다.

1. 마늘쫑을 4~5cm 길이로 자른다.

2. 소금물에 살짝 삶아낸다.

6. 건강 마늘 꿀환

이러한 재료가 필요해요~

마늘 30쪽, 꿀 1컵, 검은깨 1/2컵,
잣가루 2큰술

❶ 마늘은 껍질을 벗겨 씻은 후 물기를 제거한 후 곱게 갈아 놓는다.

❷ ①에 꿀과 검은깨, 잣가루를 넣고 잘 섞는다.

❸ ②를 조금씩 덜어서 동그랗게 빚는다.

❹ ③을 냉장고에 넣어 굳혀 두었다가 먹는다.

1. 물에 씻은 후 물기를 제거한다.

2. 꿀과 검은깨, 잣가루를 넣는다.

3. 잘 섞는다.

7. 마늘쫑 고추장 무침

이러한 재료가 필요해요~

마늘쫑 반단, 고추장 3큰술, 마늘 2통,
고춧가루 반큰술, 설탕 반큰술,
다진 파 2큰술, 통깨 1큰술, 참기름 반큰술

❶ 마늘쫑은 지저분하거나 마른 이파리는 떼어내고 물기를 털어낸 다음 먹기
　 편한(4~5cm) 길이로 자른다.

❷ 마늘은 연한 것으로 준비하여 껍질을 벗겨 씻은 후 물기를 제거한다.

❸ 고추장에 고춧가루, 설탕, 다진 파, 참기름을 섞어서 양념장을 만들어 준다.

❹ 마늘쫑과 마늘이 그다지 안 맵다면 생으로 무쳐도 무방하지만 조금 맵다 싶
　 으면 뜨거운 물에 소금을 조금 넣고 파랗게 살짝 데쳐 낸다.

❺ ③에서 준비한 양념장이 잘 버무린 후 담아서 통깨를 뿌려낸다.

❻ 싱겁다면 소금으로 간을 맞춘다.

1. 재료를 준비한다.

2. 마늘쫑을 4~5cm 길이로 자른다.

3. 소금물에 살짝 데친다.

8. 빵과 잘 어울리는 마늘버터

이러한 재료가 필요해요~

버터 3큰술, 다진 마늘 3큰술,
레몬즙 1작은술, 소금 · 후추 약간,
빵(바케트)

❶ 버터에 다진 마늘, 레몬즙, 약간의 소금, 후추를 넣고 골고루 섞어 준다.

❷ 마늘 버터를 빵에 바르면 마늘빵이 된다.

❸ 팬에 살짝 구워도 좋다.

1. 재료를 준비한다.

2. 재료를 섞어 준다.

3. 마늘 버터를 빵에 바른다.

9. 새송이 버섯구이와 검은깨 마늘소스

이러한 재료가 필요해요~

새송이버섯 6개, 올리브오일 2큰술,
소금 약간, 식초 1작은술, 설탕 작은술,
다진 마늘 2큰술,
검은깨 1큰술, 잣가루 2큰술

❶ 송이버섯을 손질한 후 도톰하게 편 썬다.

❷ 분량의 소스를 준비한다.

❸ 팬에 올리브유를 두르고 송이버섯을 굽는다.

❹ 버섯 구워낸 팬에 다진 마늘 살짝 볶아 소스에 섞는다

❺ 접시에 가지런히 담아낸 후 위에 소스를 뿌려낸다.

1. 재료를 준비한다.

2. 송이버섯을 도톰하게 편 썬다.

3. 송이버섯을 굽는다.

10. 마늘 초피클

이러한 재료가 필요해요~

마늘 20쪽, 샐러리 1/2대, 통후추 5알,
월계수 잎 1장, 마른 홍고추 1개(피클국물)
물 1컵, 식초 1/2컵, 소금 4큰술,
설탕 6큰술

❶ 마늘은 껍질을 벗기고 씻은 뒤 물기를 닦는다.
❷ 샐러리는 겉의 질긴 섬유질을 벗기고 5cm 길이로 썬다.
❸ 피클을 담을 병은 뜨거운 물에 열탕 소독을 해서 자연 건조시킨다.
❹ ③의 병에 마늘, 샐러리, 통후추, 월계수 잎, 마른 홍고추를 넣는다.
❺ 분량의 끓는 물에 식초, 설탕, 소금을 넣고 끓여 차갑게 식힌 뒤 ④의 병에
 붓고 밀봉한다.
❻ 3일 후에 피클 물을 따라내고 다시 끓여 식힌 뒤 병에 붓고 10일쯤 지난
 뒤에 먹기 시작한다.

1. 재료를 준비한다.

2. 샐러드는 5cm 길이로 자른다.

3. 병에 재료를 넣는다.

11. 마늘 스파게티

이러한 재료가 필요해요~

마늘 2쪽, 스파게티 170g, 홍고추 1개,
올리브오일 1/3컵,
파슬리 가루 낸 것 1큰술,
소금 · 통후추 간 것 적당량

❶ 마늘은 얇게 편썰기 하고, 홍고추는 어슷 썬다.
❷ 냄비에 물을 끓인 후 소금을 넣고 스파게티를 넣어 8~9분 정도 삶는다.
❸ 스파게티 면이 다 삶아지면 체에 건져 물기를 뺀다.
❹ 팬에 올리브오일을 두르고 달구어지면 ①의 마늘, 홍고추를 넣고 볶다가
　항이 나면 스파게티를 넣고 골고루 버무리듯 살짝 볶는다.
❺ ④에 소금과 통후추를 넣어 간을 맞추고 파슬리를 뿌려 준다. 파마산 치즈
　가루를 곁들여도 좋다.

1. 재료를 준비한다.

2. 스파게티를 삶는다.

3. 팬에 스파게티를 볶는다.

12. 마늘쨈 샌드위치

이러한 재료가 필요해요~

마늘 10쪽, 설탕 7큰술, 물 1큰술,
식빵 6쪽

❶ 냄비에 곱게 간 마늘과 설탕, 물을 넣고 은근한 불에 계속 저어면서 끓인다.

❷ 수분이 다 졸아지면 농도가 걸쭉하게 되는데 이때 불을 좀더 줄이며 농도가
좀더 짙게될 때 불에서 내린다. 농도가 걸쭉할 때 센불로 하거나 오래 끓이
게 되면 분말처럼 돼 버려 실패한다.

❸ 식빵을 적당한 두께로 잘라 살짝 구워 색을 낸 다음 3장씩 각각 1면에 마늘
쨈을 바르고 겹친 후 테두리 부분을 잘라내고 모양 있고 먹기 좋게 잘라 접
시에 담아낸다.

1. 재료를 준비한다.

2. 냄비에 마늘, 설탕, 물을 넣고 끓인다.

3. 빵에 마늘쨈을 바른다.

13. 마늘쫑 돼지고기 볶음

이러한 재료가 필요해요~

돼지고기 90g, 마늘쫑 50g,
간장 1작은술, 청주 1작은술, 소금,
식초 1작은술, 식용유 · 참깨 약간

돼지고기를 간장과 청주로 미리 밑양념을
하면 누린내를 없애고 맛을 더 좋게 한다.

❶ 돼지고기는 5mm 두께로 썰어 간장 1/2작은술과 청주 1/2작은술로 미리 양념해 둔다.

❷ 마늘쫑은 깨끗이 씻어 4cm 길이로 썬다.

❸ 프라이팬에 식용유를 두르고 달구어 돼지고기를 볶아 익히고, 마늘쫑을 넣어 볶다가 간장 1/2작은술, 청주 1/2작은술, 소금으로 간을 하고 식초를 넣는다.

1. 재료를 준비한다.

2. 돼지고기를 양념에 무친다.

3. 팬에 돼지고기를 볶는다.

4. 팬에 마늘쫑과 돼지고기를 넣고 볶는다.

Garlic

제Ⅲ부 마실수록 몸에 이로운 그린 푸드

왜 그린 푸드인가?

녹차는 현대의 건강 음료, 다이어트 음료로 인식되어 얼마나 몸에 좋은지 과학적으로 입증되고 있다. 그러나 녹차는 요즘 들어서 마시기 시작한 것이 아니라 이미 오랜 세월 약 5천 년 전부터 마셔온 것으로 추정하고 있다. 왜 그토록 오랫동안 마셔왔을까? 처음에는 약으로 시작하여 스님들이 수행할 때 마시는 수양의 음료로, 귀한 손님을 대접할 때 쓰이는 커뮤니케이션 음료로, 신라의 화랑과 선비들이 기호 음료로 마셔왔다.

효성이 지극한 유비는 어머니에게 좋은 차를 사들이려고 2년 동안 발을 짜서 돈을 모았고, 중국은 유목민들에게 차가 생존의 음료이므로 당나라 때부터 다마(茶馬)무역을 북방 오랑캐의 국방정책으로 삼았다. 또한 차 무역으로 인한 미국의 보스턴 차 사건, 영국과 중국의 아편전쟁도 일어났다. 어쩌다 차로 인해 전쟁이 다 났을까? 진정한 웰빙은 무엇일까? 단순히 몸에 좋은 먹거리만으로는 만족할 수 없다.

현대 사회에서는 '무엇을 어떻게 먹느냐'가 더욱 중요하다. 차는 육체적·정신적으로 만족시킬 수 있는 음료이다. 예로부터 차는 신선들의 약이었다고 한다. 마시면 몸도 좋고 정신도 맑아지는 음료. 더불어 매너 교육도 되고 마시다 보면 문화적이 될 수밖에 없는 음료. 녹차는 알면 알수록 참 덤이 많은 인류 최고의 음료이다.

왜
녹차
인가
…

Ⅰ. 녹차, 알고 먹자

차는 예로부터 신선들이 먹는 불로장생의 만병통치약이라 하며, 차는 몸을 건강하게 할 뿐만 아니라 한재 이목 선생은 「차를 마시니 근심과 울분이 비워지고 웅호한 기운이 생긴다」고 하였다. 신라의 화랑들도 수련하며 차를 마셨다.

1 이 정도는 상식이다

●● 차 이야기

차는 차나무의 어린 잎을 가공하여 만든 것을 말하며, 이것을 뜨거운 물에 우린 음료 역시 차라고 한다.

처음부터 차는 마시는 음료로 이용된 것은 아니고, 음식과 약의 기능을 갖는 '식약동원(食藥同源)' 소재로서 이용되기 시작하여, 천지의 신과 조상의 제례에 사용하면서 점차 일상의 생활 중에 마시는 기호 음료로 정착되었다.

차나무(학명: camellia sinensis)는 동백나무과에 속하는 사철 푸른 나무로 실화상봉수이며, 육우의 『다경』에 차나무의 형상을 '나무는 과로와 같고, 잎은 치자와 같으며, 꽃은 흰장미와 같고, 열매는 병려와 같으며, 줄기는 정향과 같고, 뿌리는 호도를 닮았다'고 묘사하였다. 토양에 대해서는 '상품의 차는 자갈밭에서 나며, 중품의 차는 사질양토에서 나며, 하품의 차는 황토에서 난다'고 하였다.

분포 지역은 온도가 높고 습기가 많은 열대에서 아열대까지 남위 30°와 북위 40° 사이의 넓은 지역에 분포되어 있으며 우리나라는 위도상으로 볼 때 북위 35° 이남에서 재배가 가능하며, 차는 호산지성식물이므로 높은 곳의 차가 생산량은 적지만 품질은 좋다.

차나무는 품종이나 착생 위치에 따라 변이가 크다. 역사적으로는 중생대 말기에서 신생대 초기에 생겨난 식물로 식물학적인 기원은 대개 6천만~7천만 년 전으로 추정하고 있다. 차를 언제부터 사람들이 마시기 시작했는지에 대해서는 명확히 알 수 없으나 오래 전부터 차를 마셔 온 것은 틀림이 없다.

종 류	키(m)	분 포
중국 소엽종	2 ~ 3	한국 · 중국 · 일본
중국 대엽종	5 ~ 32	중국
버마 샨종	4 ~ 10	버마 · 타이
인도 대엽종	10 ~ 20	인도

차와 대용차의 구분

요즘 우리가 마시는 모든 마실 거리, 즉 음료(율무차, 유자차, 쌍화차, 생강차, 오미자차, 인삼차, 모과차 등)를 '차' 라고 하고 있지만 엄밀히 말하자면 차가 아니다. 이들은 차를 대신해서 곡류나 식물의 열매 혹은 뿌리 등의 다른 재료를 뜨거운 물에 끓이거나 우려서 먹으므로 대용차(代用茶)라 부를 수 있다.

대용차는 차가 쇠퇴하기 시작한 조선 중엽 이후 쓰이게 되었는데 일찍이 다산 정약용은 우리나라 사람들이 탕환고와 같은 약물 달인 것을 '차' 라고 습관적으로 부르는 것은 잘못이라고 지적한 바가 있다.

정확히 말하면, 차는 차나무의 잎으로 만든 녹차(green tea), 중국차, 홍차(black tea) 등 만을 차라고 할 수 있다.

차꽃

•• 차의 어원

차의 가장 오래된 기록은 B.C 200년 주공단이 쓴 『이아』의 석목편에 기록되어 있다. 차나무를 가리키는 글자는 다(茶) 이외에 도(荼), 가(檟), 설(蔎), 명(茗), 천(荈)이 있다.

세계 각국에서 차를 부르는 말은 중국에서 전해진 것으로 중국에서 차가 외국으로 수출되면서 그 용어도 함께 전해졌다. 차(茶)가 중국의 광동지역에서는 'cha', 복건성 하문(厦門) 지역에서는 'te' 혹은 'tay' 라 한다.

광동어계 (육로)		복건어계 (해로)	
광동어	cha	하문(厦門)	te, tay
페르시아	cha	네덜란드, 독일	thee
아 랍	shai	영 국	tea
터어키	chay	프랑스	the
러시아	chai	덴마크, 노르웨이, 스웨덴	te
일 본	cha	이탈리아, 헝가리, 체코	te
포루투갈	cha	핀란드	tee
인 도	cha	스리랑카	thay
티 벳	ja(dza)	한국	ta, cha

●● 차의 중국 기원설

신농씨 : 차의 역사에 대해서는 중국의 다성(茶聖)인 육우(陸羽 727~803)가 지은 다경(茶經)에 B.C 2700년 중국의 신농(神農)시대부터 마셨다는 기록이 있으나 차나무는 훨씬 이전부터 존재하였기 때문에 차음용 역사는 5천 년 전으로 추정하고 있다.

전설의 황제인 신농의 『식경』에 '차를 오래 마시면 사람으로 하여금 힘이 있게 하고 마음을 즐겁게 한다'고 적혀 있다.

신농은 우리와 같은 핏줄인 동이족(東夷族)으로서 백성들에게 농경법을 가르치고 산천을 돌아다니면서 풀과 나무를 맛보며 식용과 약용의 가부를 판단하는 의약의 신으로 숭앙받던 인물이다. 신농이 처음으로 차를 마시게 된 이유에 대해서는 두 가지 전설이 전해지고 있다.

하나는 먹을 것도 부족하고 음식에 대한 지식도 적었던 당시에 산천을 돌며 초목을 직접 입에 넣고 씹어봄으로써 식용 또는 약용의 가부를 가리던 신농이 하루는 100여 가지의 풀을 먹고, 이 중 72가지의 독초에 중독되어 쓰러져 있었는데 바람에 날려 떨어진 차나무 잎을 먹고 해독되어 살아났다는 이야기이다. 이에 신농은 그 나무를 차(茶)나무라 이름하고 해독(解毒)을 제일의 효능으로 전하였다. 풀 초(草)와 나무 목(木) 사이에 사람 인(人)이 있는 차(茶)라는 글자는 이때 신농을 죽음에서 살려낸 데 기인하여 만들어진 것이라 전한다.

또 하나의 설은 신농시대에는 의사들이 거의 없었기 때문에 병자들은 약재를 구해서 끓여 마시곤 하였다. 신농이 병자들을 치료하기 위해 큰 나무 아래서 불을 지펴 물을 끓이고 있을 때 몇 잎의 나뭇잎이 솥 안으로 떨어지면서 연한 황색을 띠었다. 신농이 그 물을 퍼서 마셔보니 맛이 쓰고 떫었으나 뒷맛이 달고 해갈작용과 더불어 정신을 맑게 하는 작용이 있음을 알게 되어 그 뒤로부터 음용하게 되었다는 전설이다. 그 이후 차는 질병을 치료하는 만병통치약으로 사용되어 가격도 비쌀 뿐 아니라 구하기도 무척 어려웠다고 한다.

달마대사 : 선종의 시조로 알려진 달마대사(?~528)는 남인디아 향지국의 셋째 왕자로 선종을 포교하려고 중국의 광동으로 가 그곳에서 좌선을 하던 중 잠이 오는 것은 눈꺼풀 탓이라는 생각으로 눈꺼풀을 떼어 마당에 던졌다. 다음날 그곳에서 차나무가 돋아났으며 그 나무의 잎을 따서 달여 마셨더니 잠을 쫓는 효험이 있었다는 전설이다.

편작의 아버지 : 편작은 중국 전국시대의 명의로, 차나무는 편작의 아버지가 죽었을 때 그를 장사 지낸 무덤에서 처음으로 돋아났다는 전설이 있다.

편작의 아버지는 8만 4천의 약방문을 알고 있는데, 그 중 6만 2천은 아들에게 전수하고 나머지 2만 2천은 차나무로 남겼다고 한다. 그래서 나무인지 풀인지 분간하기 어려워 풀과 나무를 합쳐 茶라고 적었다고 전한다.

> **인도 기원설도 있다**
>
> 인도의 아샘 지방은 차의 원산지로 추정되고 있고, 기파의왕과 얽힌 전설과 차에 대한 오랜 기록도 있다.
> 기파는 고대 인도 왕사성의 명의였으며, 빈파사라왕의 아들로 석가에 귀의하였다. 부처님의 주치의이자 명의였던 기파의왕이 20세에 죽은 딸의 무덤에 약을 뿌렸더니 차나무가 돋아났다고 한다. 그래서 차나무를 스무 살짜리 사람(++ 人)의 나무(木)라고 쓰게 되었다는 전설이 있다.
> 인도 최고의 종교문헌인 바라문교의 『베다경전』에 차에 대한 대목이 있으며, 또한 인도에는 기원전 2,300년 전부터 마셨다는 마야차도 있다.

❷ 알고는 있지만 자세히 모르는 차의 효과

•• 차에 대한 연구

🍃 비만을 억제하는 것으로 알려져 온 녹차의 항비만 효과를 체계적으로 밝힌 연구결과가 나왔다. 군산대 주종재 교수 연구팀은 국제학술지인 'Journal of

Nutritional Biochemistry(영양생화학지)' 11월호에 쥐를 통한 실험으로 녹차의 비만 억제 효과 및 작용기전을 밝힌 논문을 실었다.

2 중국 안휘농대 교수는 당뇨병 치료에 유용한 녹차 약리활성 성분의 분석과 복합추출에 관한 연구를 하였다.

3 미국 클리브랜드 대학병원팀은 쥐의 피부에 있어서 녹차의 항암 및 소염 효과에 대해 연구 발표하였다.

4 이화여대 이서래 교수팀은 녹차음료의 중금속 제거 효과에 대해 발표하였다.

5 일본 동경대 신야 교수는 알츠하이머병에 대한 카테킨의 효과에 대해 연구 발표하였다.

6 대구효성카톨릭대 이순재 교수는 녹차의 전자파 방어 효과에 대해 연구 발표하였다.

7 일본 시즈오까 식품영양학과 교수는 녹차의 발암억제 및 카테킨의 항 Helicobacter pylori 균에 대한 항균작용에 대해 연구 발표하였다

8 구소련에 있어서 1935년 이래 차의 화학적 성분과 생물학적 활성(효능)에 관한 수백 종류의 연구 논문이 발표되었다. 요약소개하면 모세혈관의 저항력 증진 효과, 소염작용 효과, 심장 질병에 대한 효과, 간염 치료 효과, 체온조절 효과, 충치 예방 효과, 방사선 동위원소 침착 방지 효과, 신진대사 촉진 및 인체기관 내의 비타민 C 유지, 정상적인 눈과 녹내장 환자들의 눈에 대한 압력 감소 효과 등이 있다.

●● 고전에서의 차의 효용
현대과학이 규명한 성분은 차의 음용으로 큰 효과가 있다고 알려지고 있는데 차의 효능은 신종신경, 본초강목 , 다경, 동의보감 등의 고전에서도 살펴볼 수 있다.

다경(茶經) : 차는 사람에게 매우 좋은 음료이고 좋은 차를 마시면 갈증을 없애고 음식을 소화시키며 담을 제거하고 잠을 쫓고 소변에 이로우며 눈을 밝게 하고 머리가 좋아지고 걱정을 씻어주며 비만을 막아준다고 되어 있다. 그러므로 사람에게는 본래 하루도 차가 없어서는 안 되는 것이다. 식사가 끝났을 때 진한 차로 입 안을 가시면 기름기가 말끔히 제거될 뿐만 아니라 뱃속이 개운해진다. 이(齒) 사이에 낀 것도 차로 씻어내면 다 소축이 되어 모르는 동안에 없어지기 때문에 자연히 이(齒)가 튼튼해져서 충과 독이 저절로 없어진다. 대부분의 사람들은 중품이나 하품의 차로써도 효능을 얻는다고 되어 있다.

동의보감(東醫寶鑑) : 차나무의 성품은 조금 차고 맛은 달고 독이 없다. 기운을 내리게 하고 체한 것을 소화시켜 주며 머리를 맑게 해 주고 소변을 잘 통하게 하여 사람으로 하여금 잠을 적게 해 주며 또 불에 입은 화상을 해독시켜 준다. 나무는 작은 치자나무와 같고 겨울에 새잎이 나는데 일찍 딴 것은 다(茶)라 하고 늦게 딴 것을 명(茗)이라고 한다.

의학입문(醫學入門) : 차를 마시면 오장육부 중 심포경과 간경으로 들어가며 마실 때는 의당히 뜨겁게 마셔야 한다. 차게 마시면 담(痰:불순물)이 쌓이게 되고 오래 마시면 체내의 지방을 분해하여 사람을 마르게 한다.

명대(明代)의 다보(茶譜) : '사람이 진차(眞茶)를 마시면 갈증을 멈추게 하고, 소화를 돕고, 가래를 제거하고, 잠이 적게 오고, 소변이 쉽고, 눈을 맑게 하고, 생각을 이롭게 하고, 번뇌를 없애고, 기름기를 제거한다. 사람은 하루라도 차가 없어서는 안 된다' 라고 하였다.

본초강목 : 차맛은 쓰고 차지만 독이 없다. 마시면 피부병이 없어지고 소변이 좋으며 잠이 적어진다. 그리고 모든 발병을 막는다.

도홍경신록 : 차를 마시면 몸을 가볍게 하고 골을 바꾸며 각기병과 뼈 등을 낮게 한다.

③ 차의 종류

우리나라에서는 경상남도, 전라남도, 제주도 등 따뜻한 곳에서 자라며, 안개가 많고 습도가 높은 곳을 좋아한다.

차의 종류는 차를 따는 시기, 발효의 정도, 만들어진 차의 형태, 제다방법에 따라 분류한다.

● ● 녹차(차잎)를 따는 시기에 따라

명전차(청명 전에 따서 만든 차), 우전차(4월 20일 곡우 전에 따서 만든 차), 세작(곡우 지나 입하 사이에 딴 차), 중작(세작 다음에 딴 차), 대작으로 분류하며 이른 절기에 딴 어린 차일수록 고급차로 여긴다. 첫물, 두물, 세물 차라고 하기도 한다.

채엽 시기에 따른 차 성분 변화

차 종류	폴리페놀	카페인	아미노산	비타민 C	조섬유	엽록소	회분
첫물 차	10.71%	2.20%	5.3%	454mg	7.7%	357mg	5.0%
두물 차	11.76%	2.03%	2.5%	380mg	8.9%	303mg	5.8%
세물 차	12.73%	1.81%	2.2%	405mg	10.0%	330mg	4.8%
네물 차	12.40%	1.79%	1.8%	320mg	10.4%	340mg	4.5%

•• 발효 정도에 따라

불발효차(녹차) : 차잎의 성분이 변화하지 않은 신선한 상태로 제조하며 우리나라, 중국 북부(주로 용정), 일본 등에서 생산되고 있으며 우리나라는 녹차가 주종을 이룬다.

반발효차 : 중국차의 대명사라 할 수 있는 청차(오룡차, 철관음, 대홍포, 무이암차, 수선 등)와 백호은침, 군산은침 등은 10~65% 발효시킨 것이다.

발효차(홍차) : 홍차는 찻잎을 85% 이상 발효시킨 것이다. 홍차는 세계 차 소비량의 75%를 차지한다. 인도, 스리랑카, 중국, 케냐, 인도네시아가 주생산국이며 영국인들이 즐겨 마신다. 홍차도 티백용 홍차가 주류를 이루고 있으나 고급차는 정통 잎차형으로 생산된다.

후발효차(흑차) : 흑차에는 보이차, 천량차, 육보차 등이 대표적이다. 차를 만들어 완전히 건조되기 전에 곰팡이가 번식하도록 해 곰팡이에 의해 자연히 후발효가 일어나도록 만든 차로 지푸라기 냄새가 난다. 잎차로 보관하는 것보다 덩어리로 만든 고형차가 보관하기 좋으며 저장기간이 오래될수록 고급차로 쳐준다. 몽고나 티벳같은 고산지대에서는 차에 우유를 타서 주식으로 마신다.

•• 녹차(잎차)를 만드는 방식에 따라

덖음차

덖음차 : 가마솥에 차를 덖어서 만들며 부초차(釜炒茶)라고도 하며 현재 소규모 다원에서는 주로 이 방식으로 차를 만든다. 덖음차는 차가 우러나는

시간이 길어 여러 번 우려내며 구수한 맛이나 우리나라 사람은 덖음차를 선호한다. 3~4번 우려 마신다.

증제차 : 차잎을 100℃의 수증기로 30~40초간 쪄서 만들며 차의 가장 초기적인 방식으로 일본의 전차를 만드는 방식이며 우리나라는 소량 생산하며 주로 기계화한 생산방식이다. 찻잎이 바늘과 같은 침상 모양으로 차가 빨리 우러난다. 2~3번 우려 마신다.

증제차

• • 차의 형태에 따라

차가 만들어진 모양에 따라 잎차, 말차, 단차로 나누어진다.

잎차 : 차의 생잎을 그대로 가마솥에 덖거나 찐 다음 비벼서(유념) 만든 것으로 대부분의 차의 형태이다. 여러 번 덖고 비비는 것을 더 좋은 것으로 여긴다. 특히 일본의 잎차는 전차라고 한다.

말차(가루차) : 가루차는 이름 그대로 찻잎을 말려 가루로 만든 것이다. 가루차를 만들기 위한 차는 푸른 녹색의 차색을 유지하기 위해 차나무를 키울 때부터 그늘을 만들어 준다. 어린 차잎을 따서 수증기에 10~20초 정도의 짧은 시간에 찐다. 찌는

말차(가루차)

즉시 찻잎의 변색을 막기 위해 차게 냉각시킨 후 재빨리 건조시킨다.

수분을 차잎에서 완전히 없앤 다음 줄기는 없애고 차잎을 3~5mm 크기로 자른다. 이때 엽맥도 따로 분리한다. 분쇄기로 입자가 곱게 갈아 가루 채 마시는 차다. 찻잎 채 먹을 수 있어 물에 녹지 않는 비타민 A, 토코페롤, 섬유질 등 차의 성분을 완전히 섭취할 수 있어 영양 가치가 높다. 또한 햇볕을 적게 받고 자란 차여서 약효성도 다를 수 있다.

일본사람들이 손님 접대용으로, 의식차로 세계에 내놓은 차가 말차이다. 고려 때 돈차를 만들어 마실 때는 덩어리를 부수어 다연(茶研)으로 가루로 만들어 먹었다.

덩이차 : 시루에 쪄낸 찻잎을 절구에 찧은 다음 틀에 박아낸 고형차로 떡차, 단차(團茶), 돈차(錢茶), 병차(餅茶), 전차(塼茶)라고 부르며 조금씩 부수어 사용한다.

돈차

벽돌차(전차)

병차(떡차)

여러 가지 차 이름

차나무 잎으로 만든 차 이름도 수천 종류가 된다. 차 이름에 따라 재료가 다른 걸로 알고 있는 사람도 있지만 차의 품종, 차잎을 따는 시기에 따라, 제조 과정에 따라 또는 만드는 사람의 취향대로 붙인다. 우리나라 차의 대명사라 할 수 있는 작설차와 죽로차는 차의 품질과 맛을 잘 표현한 이름이나 요즈음은 단어의 의미와 관계없이 상품명으로 사용되고 있다.

- 작설차(雀舌茶) : 어린 찻잎이 참새 혀를 닮았다해서 붙여진 이름이다. 이 작설차는 고려 말 재상이었던 익제 이재현이 햇차를 보내준 은혜에 대해 보답하는 시에 처음으로 등장하였다.
- 죽로차(竹露茶) : 대숲에서 대나무 이슬을 머금고 자란 차로 그 맛이 좋아 붙여진 이름이다.
- 동차(東茶) : 동다송에 나오는데 우리나라 차를 일컫는 말이다.

④ 좋은 차 고르기

●● 차 선택

녹차는 겉모양이 가늘고 광택이 있으며 잘 말려진 것이 좋다. 또한 연황색이 나는 묵은 잎의 함유가 적어야 하며 손으로 쥐었을 때 단단하고 무거운 느낌이 드는 것이 상등품이다.

1. 차잎이 어리고, 야생에서 자라고, 수제로 만든 것을 고급차로 여긴다. 차는 제다 방식과 차잎의 크기에 따라 외형, 색, 향, 맛이 다르다. 우리나라 사람은 증제차보다 덖음차를 좋아한다.

2. 차는 브랜드마다 명전차, 우전차, 세작, 중작, 대작의 순으로 등급을 나눈다. 일찍 딴 어린 차잎은 부드럽고 아미노산이 많아 감칠맛이 많이 나므로 고급차로 분류하고, 절기가 늦어져 차잎이 클수록 카테킨 성분이 많아 맛이 떫어지므로 저급차로 분류한다.

3. 본래 작설차는 좋은 차이지만 요즘은 브랜드명으로 사용하여 작설차라 상표 붙은 차가 좋은 차라고 말할 수는 없다.

4. 차의 유통기한이 2년으로 되어 있으나 특히 녹차는 1년으로 보는 것이 좋다.

5. 여름에 냉차로 우릴 때는 잘 우러나는 증제차가 좋다.

6. 가을이나 겨울에는 차를 따끈하게 마시려면 중작이나 약간 발효시켜 냉기를 없앤 황차가 좋다.

•• 차 보관

차가 가지는 생명은 진미, 진향, 진색이다. 차를 만드는 것도 중요하지만 차를 잘 저장하는 것 또한 손쉬운 일이 아니다.

1 옛날 사람들은 항아리 등에 죽순 껍질로 몇 겹씩 갈고 차를 넣고 그 위에 죽순 잎을 다시 덮고 또 차를 넣고 차곡차곡 넣어서 맨 위도 죽순 잎을 덮어 습기가 침범하지 않게 싸서 건조하고 시원한 곳에 보관하면 일년 내내 맛이 좋은 차를 즐길 수 있다.

2 한지로 잘 싸고 올베로 다시 싸서 밀폐시킬 수 있는 나무상자에 넣어 건조한 곳에 저장해 두면 대체로 큰 변질은 막는다.

3 필요한 양의 차가 들어갈 차단지를 구해서 한지를 깔고 차를 넣어 단지에 가득 차면 위를 한지로 봉한 다음 뚜껑을 덮는다. 차단지가 들어 갈 큰 옹기 항아리를 구해 밀봉한 차단지를 넣고 재를 가득 채운 뒤 아구리를 한지나 올베로 덮은 다음 건조하고 시원한 고방에 보관하면 된다.

4 습도가 높을 때나 장마철에는 내부에 잘 피운 화로 등으로 습기를 쫓고 공기가 따뜻하도록 했다. 그렇게 하고도 마음이 놓이지 않을 때는 차를 꺼내어 여린 불로 볶기도 하였다.

현대는 알루미늄통이나 주석통, 나무상자 또는 옹기에 넣어 상온에 저장하는 데 고온다습한 여름철이 문제이다. 이때는 냉장 보관하는 것도 한 방법이며 5~8℃가 가장 효과적이라고 한다. 냉장시 주의할 점은 습기와 냄새 그리고 꺼낼 때 온도차에 의한 차의 변화이다.

자주 먹는 차는 밀폐용기에 보관하며 한번 개봉한 차는 되도록이면 빨리 먹어야 한다. 손이 젖었을 때나, 화장품, 비누 등의 방향성 물건을 만진 다음에는 차를 만지지 않는다. 차봉지의 개봉 시간은 되도록 짧게 하고, 건조하고 잡냄새가 없으면서 온도의 변화가 적은 곳에 두고 사용한다.

생차잎의 수분은 75~80% 정도지만 만들어진 차는 함수량이 3~4%에 불과함으로 공기 중에 있는 아주 적은 습기나 다른 잡냄새 등을 아주 잘 흡착한다. 차를 다루는 모든 기물은 잡냄새가 없어야 한다.

고급차일수록 습도, 온도 변화, 광선, 냄새 등에 예민하여 변질되기가 쉽다. 특히 말차의 경우는 깨끗한 밀폐용기에 넣어 냉동실에 보관하는 것이 좋다.

Ⅱ. 몸에 좋은 녹차, 왜 좋은가?

한문으로 차(茶)를 풀이하면 ++(20)과 八十八(88)=108획이 된다. 이것을 가리켜 차를 마시면 108세까지 108번뇌를 없애며 살 수 있다고 하기도 한다.

1 항암 효과

녹차는 차 중에서도 가장 강력한 항암 효과를 갖고 있다. 중국의 예방의학 과학원의 연구 결과에 따르면 녹차, 홍차, 우롱차 등 모든 찻잎에 N-니트로소화합물의 합성을 억제하는 항암 효과가 있는 것으로 밝혀졌다. 이 중에서도 녹차의 항암 효과는 강력해 홍차의 억제율이 43%인데 비해 녹차는 무려 85%에 이르렀다.

일본에서도 시즈오카의 어느 대학의 연구 결과를 보면, 1978년 일본의 주요 녹차 생산지인 시즈오카현 내에서 차산지로 유명한 오이키와 지역 주민들의 암 사망률은 차를 생산하지 않는 지역에 비해 매우 낮고, 위암 사망률은 전국 평균의 1/3에 지나지 않았다.

미국에서 40년간 암을 연구해 온 미국 건강 재단의 존 와이저버그 박사는 조리된 육류나 생선에서 흔히 발견되는 발암 물질에 의해 유방암이나 결장암, 췌장암 등에 걸릴 위험은 차를 마실 경우 크게 감소될 뿐더러 차를 매일 6잔씩 마시면 암을 예방할 수 있다고 하였다.

또한 매일 10잔 이상 마시는 사람들은 몸에 해로운 LDL콜레스테롤치가 현저히 낮고 심장 질환의 발병도 낮은 것으로 밝혀졌다.

녹차 음용량에 따른 암 사망률 비교 (일반 주민 8,500명의 8년간 추적조사)

구 분		하루 녹차 마시는 양		
		3잔 이하	4~9잔	10잔 이상
남 자	평균 암사망 연령 사망자 수	65.8세 33 명	68.4세 47 명	70.3세 36 명
여 자	평균 암사망 연령 사망자 수	67.6세 25 명	70.9세 44명	74.1세 14 명

(일본 사이다마현 암 연구센터, 1994)

② 노화 억제와 피부 보호

차의 성분 중에는 항산화 작용을 하는 성분이 많이 함유되어 있어 노화를 억제시킨다. 찻잎에는 일반 음식에서 결핍되기 쉬운 미네랄과 유기물이 풍부하게 들어 있다. 일본 오꾸다 교수의 실험에 의하면 1리터의 용액에 5mg의 비타민 E를 넣었을 때 지방의 산화가 겨우 4% 억제되었지만, 5mg의 폴리페놀은 지방 산화의 74%를 억제한다는 사실을 밝혀냈다. 폴리페놀의 노화 억제 작용은 비타민 E의 무려 18배나 된다는 것이다. 또한 레몬의 5배나 되는 비타민 C를 함유하고 있어서 피부가 거칠어지는 것을 막고 피하 조직에 탄력성을 주며 보습성을 유지하도록 하기 때문에 피부를 곱게 해 주는 역할을 한다.

서울대학교 피부과학교실 연구에 의하면, 녹차의 주 구성 성분인 EGCg가 정상 세포에 대한 성장 촉진 효과, 자외선에 의한 세포 사멸 억제 효과, 자외선에 의한 홍반 반응 억제 효과, 광보호 효과, 피부 기질단백질 조절 효과(주름살 개선 등 항노화 효과) 등의 다양한 효과가 있음을 실험적으로 확인하였다. 따라서 효과적으로 사용할 경우 자외선에 의한 피부손상을 막고 노화를 억제하는 효과가 있을 것으로 추정된다.

③ 성인병 예방

나이가 중년에 접어들수록 성인병을 조심해야 한다. 차에는 이러한 성인병을 예방하는 성분이 들어 있어 자주 마시면 건강을 지킬 수 있다. 일반적으로 고혈압의 주요 원인은 소금인데, 소금 속의 나트륨 성분이 혈액의 삼투압을 상승시키기 때문이다. 차에는 칼륨 성분이 있어서 나트륨을 체외로 배출하도록 하며, 고혈압을 막아 주는 역할을 한다.

우리 몸에 콜레스테롤이 많아지면 콜레스테롤이 혈관에 붙어서 혈관벽을 딱딱하게 만들거나 혈관통로를 좁게 만들어 동맥경화 등을 유발시킨다. 특히 녹차에 들어있는 카테킨 성분이 혈관에 축적되어 있는 지방을 녹여주므로 동맥경화를 예방하고 뇌졸중(腦卒中, stroke)의 발생 빈도를 줄인다.

차에는 EGCg라는 독특한 성분이 있어서 콜레스테롤과 중성지질을 몸 밖으로 배출될 수 있도록 도와주고, 특히 찻잎에는 비타민 C가 풍부해서 지방의 산화를 촉진하고 콜레스테롤의 배출을 더욱 왕성하게 해 준다. 차에는 인슐린의 합성을 촉진시키는 다당류 성분이 들어 있어서 당뇨병에도 탁월한 효과가 있는 것으로 알려져 있다.

④ 비만 방지와 다이어트

미국 시카고 대학 분자생물학과 Liao 박사는 녹차 카테킨의 주요 성분인 EGCg를 실험 동물에 투여했을 때 일주일 이내에 체중이 유의적으로 감소하였으며 이와 같은 효과는 녹차의 EGCg 성분이 식욕을 현저하게 떨어뜨리기 때문이라고 밝혔다.

녹차 카테킨 성분은 항산화제로 알려진 비타민 E보다도 항산화력이 400배나 강력하여 항암 작용, 항염증 작용과 같은 기능성을 갖고 있으며 카페인이 나타내는 심장박동 증가 작용이 없으므로 고혈압이나 심장병이 있는 비만 환자에게도 안전하게 사용할 수 있는 장점이 있다.

현대인의 비만은 유전적인 요인도 있지만 주로 고칼로리 음식 섭취와 운동 부족에 원인이 있다. 또한 우리가 생활 속에서 자주 마시게 되는 각종 음료수도 비만을 가져오는 한 요인이 된다. 그러나 차는 열량이 거의 없는 저칼로리 음료이기 때문에 체중조절에 더없이 좋은 음료이다. 운동하기 전에 차를 마시면 에너지원으로서 지방이 우선적으로 연소되기 때문에 다이어트에는 그만이다. 식사 뒤 차를 마시면 다이어트에 좋은 효과를 볼 수 있다. 차의 카테킨이 지방 분해 효소의 작용을 강화시켜 주기 때문이다.

중국 사람들이 고지방 육류를 많이 먹고 기름진 음식을 먹지만 다른 나라에 비해 뚱뚱한 사람이 적은 것은 물 대용으로 항상 차를 마시므로 비만을 억제해 주기 때문이다.

⑤ 중금속과 니코틴 해독 작용

산업화가 되어 갈수록 우리가 먹는 과일이나 채소류, 어패류에 이르기까지 중금속에 오염되어 건강을 위협한다. 일반적으로 중금속은 호흡기나 소화기를 통해 체내에 들어가면 배설되지 않고 축적되어 중금속 중독을 일으킨다.

차에는 이러한 중금속을 해독하는 효능이 있다. 차의 카테킨 성분은 방사성 동위원소가 뼈 골수에 도달하기 전에 인체로부터 제거시켜 주고, 수은이나 카드뮴과도 상호 결합하여 몸 밖으로 배출시킨다.

담배에 들어 있는 니코틴도 마찬가지이다. 니코틴은 체내에 흡수되면 교감신경을 흥분시켜 혈관을 수축시키므로 혈압을 상승시키고 호흡도 가빠지게 하며, 폐암까지도 발생시킬 수 있다.

차의 폴리페놀 성분은 담배의 니코틴과 쉽게 결합하여 체외로 배출하도록 도와주는 역할을 한다.

차 추출액의 카드뮴 제거

구 분	체외 배설량		체내 흡수율 및 보유율	
	소변	대변	흡수율	보유율
카 드 뮴	16.06±0.53	237.51±48.27	60.40	57.80
홍 차	17.19±0.86	407.59±21.54	35.99	29.20
우 롱 차	18.10±1.82	498.64±15.88	16.54	13.54
녹 차	18.54±0.65	564.90±17.76	10.28	5.70

(이순재)

6 피로 회복과 숙취 제거

만성 피로에 시달리는 현대인들에게 차 한 잔의 여유는 정신 건강은 물론 신체 건강에도 큰 도움을 준다. 찻잎 속의 카페인은 콜린에스테라제의 작용을 억제시켜 아세틸콜린이 분해되지 않도록 함으로써 몸의 피로를 줄여주게 된다.

차는 숙취 제거에도 놀라운 효능을 발휘합니다. 알코올이 체내에 들어가면 간장에서 분해되어 최종적으로 물과 이산화탄소로 되지만 간장에서 분해할 수 없을 정도의 알코올을 마시면 분해 중간 단계 물질인 아세트알데히드 성분이 쌓여서 숙취가 나타난다. 찻잎 속의 카페인은 혈액 중의 포도당을 증가시키고 간장의 알데히드 분해 효소의 활동을 왕성하게 하여 혈액 중의 아세트알데히드가 빨리 분해되도록 한다. 더구나 찻잎 속의 비타민 C가 이러한 활동을 촉진하여 숙취 해소 효과를 더욱 높이게 된다.

⑦ 변비 치료

현대인들은 많은 스트레스와 잘못된 식습관으로 인해 변비에 걸리기 쉽다. 변비는 장기의 긴장이 약해져서 수축이완 운동이 잘 되지 않기 때문에 생기는데 찻잎 속의 폴리페놀 성분은 위의 긴장도를 높여 위 운동을 활발하게 해줄 뿐만 아니라 장관의 긴장도를 풀어주어 변비를 치료해 준다. 특히 차는 소장운동을 활발하게 하므로 신경성 변비뿐만 아니라 이완성 변비에도 효과가 있다.

⑧ 충치 예방

충치는 입속에 번식하는 세균이 치아를 파먹기 때문에 생기는 것이다. 찻잎 속에는 불소 성분과 함께 세균을 살균하는 폴리페놀 성분이 있어 충치를 예방해 준다. 입 냄새 역시 차 속에 있는 플라보놀 성분이 없애 주는데, 차의 이러한 효능은 냉장고의 냄새 제거나 각종 육류 음식을 만들 때 냄새 제거를 위해 많이 사용되고 있다.

⑨ 당뇨병에 효과

당뇨병은 인슐린이라고 하는 호르몬의 분비가 나빠져 체내에서 당 성분이 효과적으로 대사되지 않기 때문에 일어난다.

당뇨병에 걸리면 혈당치가 급격히 상승되지 않도록 인슐린의 작용에 적당한 식사를 하는 것이 가장 중요하다. 차잎 중에 함유된 카테킨 성분은 당질의 소화 흡수를 지연시키는 작용을 한다. 소화가 지연되면 포도당이 혈액 중으로 흡수되는 것이 늦어져 급격한 혈당치의 상승이 억제되는 것이다.

 녹차 다당류 성분의 혈당 강하 작용은 다당류가 체내에서 인슐린의 합성을 촉진시켜 주고 포도당 대사를 활성화시켜 주기 때문인 것으로 알려져 있다.

⑩ 스트레스의 완화

가장 간단하고 빠른 방법은 차를 마시는 것이다. 누구나 차를 마시면 금새 기분이 편안해지고 여유로움을 느끼게 된다.

차를 마시는 동안 은은히 배어나오는 풋냄새와 같은 그린계의 향기와 달콤한 후로랄계 향기는 스트레스를 해소시키고 기분을 전환시켜 준다. 뿐만 아니라 카페인은 대뇌를 자극하여 머리를 맑게 하고 기분을 좋게 하여 정신적인 안정에 도움을 준다. 또한 풍부한 비타민 C가 피로 회복 작용을 하는 등 차는 복합적으로 스트레스 억제 작용을 한다.

⑪ 기 타

●● 체질의 산성화 예방

현대인들이 많이 먹게 되는 산성식품은 칼로리가 높고 체내의 신진대사 과정을 통해 체액을 산성화시킨다. 산성을 과다 섭취하여 몸이 산성화가 되면 몸의 피로감이 증가하고 동맥경화나 고혈압, 뇌일혈, 위궤양 등을 유발하기도 한다.

차에는 카페인, 테오필린, 네오브로민, 크산틴 등 알칼로이드 물질이 많이 들어 있어 대표적인 알칼리성 음료이다. 차는 몸에 빠르게 흡수되고 산화되어 농도가 비교적 높은 알칼리성 물질을 만들기 때문에 혈액 속의 산성 물질을 중화시킨다. 차에는 산성을 예방하는 칼륨과 아연, 마그네슘, 망간 등 미네랄이 함유되어 있어 장기 복용하면 몸을 알칼리성 체질로 개선하는 데 큰 도움이 된다.

•• 염증과 세균 감염 억제

찻잎의 성분이 염증을 억제한다는 것은 이미 많이 알려져 있다. 이것은 차의 폴리페놀 성분과 사포닌 성분에 의한 것으로 위궤양이나 위 점막 출혈을 비롯하여 각종 부종을 억제하고 치료하는 데 큰 효과가 있다. 또한 차는 장티푸스, 이질 등의 전염성 세균이나 장 속의 세균들의 생육을 억제하는 효과가 있다.

차의 항균 성분에 의해 살모넬라균, 장염비브리오균, 웰치균, 보투리너스균, 포도상구균은 완전히 소멸시킬 수 있다. 여름철에 차 한 잔은 식중독을 예방한다. 일본에서는 살인적 식중독 균인 O-157균에 녹차를 투여한 결과 1시간 만에 완전 사멸된 것이 확인되기도 하였다.

•• 혈압상승 억제 효과

차 속의 카테킨 성분이 혈압상승 억제하는 효과를 가지고 있고 가바(GABA)차에도 혈압상승을 억제하는 성분이 있다.

•• 알츠하이머병에 대한 카테킨의 효과

일본 동경대 신야 교수에 의해 알츠하이머병의 발병 과정을 관찰한 결과 amyloid 펩티드는 알츠하이머병 환자의 뇌에 축적되어 있는 노인반을 구성하는 주요 성분이며, 이 물질의 신경세포에 대한 독성이 알츠하이머병의 주요 원인일 것으로 생각되고 있다. 녹차의 4가지 카테킨 중 EGCg, EGC 및 홍차의 데아플라빈류를 이용한 실험에서 EGCg, EGC 모두 농도가 높을수록 강하게 amyloid 독성을 억제했으며 특히 EGCg가 5배나 강한 효과를 나타냈다.

•• 녹차의 전자파 방어 효과

여러 연구에서 항상 전자파에 노출되는 사람은 고혈압, 두통, 기억력 감퇴, 뇌손상의 증상을 보일 가능성이 높으며 뇌암이나 백혈병, 유방암 발생에 대해 보고되고 있고 휴대폰 사용 후 시력이 저하되었다는 보고가 있다. 이순재 박사의 실험 결과 녹차의 음용은 전자기파의 영향으로 손상된 항산화계의 유전자 발현을 유도하고 전자파에 노출되었을 때 생성된 산소라디칼의 제거를 통한 세포보호 효과와 항산화적 해독작용과 항산화계를 강화시켜 간조직의 손상을 완화시키고 회복속도를 촉진한다는 것을 알 수 있었다.

•• 알레르기 억제

알레르기는 체내에 형성된 항체가 외부에서 들어온 알레르겐의 침입을 저지하기 위해 일어나는 일련의 항원 항체 반응으로 콧물, 재채기, 두통, 가려움 등의 증상이 나타난다.

차에 알레르기를 억제하는 작용이 있다는 사실은 일본 시즈오까 현립대학 스기야마 박사팀에 의해 알레르기 반응에 깊이 관여하는 항체를 쥐에 실험할 때 차를 투여한 후 항원을 주사할 경우 알레르기 억제 효과가 탁월하다는 것을 밝혀냈다. 또한 차는 알레르기 치료에 사용되는 약인 '트라니라스트'와 같은 정도의 효과가 있는 것으로 판명되었다.

•• 녹차 폴리페놀의 관절염 예방

전체적으로 녹차 폴리페놀을 마신 동물의 관절염 발생빈도는 44%(8/18), 물만 마신 경우는 94%(17/18)였다. 또한 발생 시기나 증상의 정도에서 볼 때 물만 마신 경우는 발병과 관절염의 진행이 매우 빨랐고 그 증상도 매우 심했다. 녹차 폴리페놀을 마신 경우 대부분 한쪽 발에만 경미하게 일어났으며 보행에도 지장이 없었다. 반면 녹차 폴리페놀을 마시지 않은 그룹은 모두 두 발에 심한 부종과 염증이 발생하여 보행이 불가능하였다.

이처럼 녹차 폴리페놀은 동물모델에서 관절염의 발생빈도를 줄이고 증세를 크게 완화시켰다. 따라서 녹차와 녹차 폴리페놀은 관절염이나 기타 다른 자가면역증의 치료제의 보조 또는 첨가제로 사용될 수 있을 것이다.

Ⅲ. 녹차 성분 분석

차 민요 초엽 따서 상전께 주고, 중엽 따서 부모께 주고, 말엽 따서 남편께 주고, 늙은 잎은 차약 지어 봉지봉지 담아 두고
우리 아이 배 아플 때 차약 먹여 병 고치고, 무럭무럭 자라나서 경상감사 되어 주오

1 핵심 성분

성 분	생리적인 효능	
카테킨류	① 항종양, 발암억제 작용 ③ 항산화 작용 ⑤ 혈중 콜레스테롤 저하 ⑦ 항바이러스 작용 및 해독 작용 ⑨ 항아레르기 및 면역계 활성화 작용 ⑪ 중금속 제거 효과	② 돌연변이 억제 작용 ④ 노화 억제 및 활성산소 제거 ⑥ 고혈압과 혈당 강하 작용 ⑧ 치석합성 효소 저해 작용 ⑩ 구취 및 악취 제거 ⑫ 체지방 축적 억제 작용
플라보노이드	모세혈관 저항성 증가, 항산화, 혈압저하, 소취 작용	
카페인	중추신경 흥분 작용, 강심 작용, 항천식, 대사항진, 기억력 증진, 편두통 해소, 위액분비 촉진	
다당류	혈당상승 억제작용, 항당뇨	
비타민 A	암예방, 면역 능력 증강	
비타민 C	항괴혈병, 항산화, 암 예방	
비타민 E	항산화, 암 예방, 항불임	
카로틴	항산화, 암 예방, 면역력 증가	
불 소	충치 예방	
아 연	피부염 예방, 면역력 증강, 미각이상 방지	
셀 레 늄	항산화, 암 예방, 심근장해 방지	
망 간	항산화, 효소보조인자, 면역력 증강	
루 틴	혈관벽의 강화	
사 포 닌	소염작용, 거담작용	
GABA	혈압상승 억제, 억제성 신경전달	

●● 폴리페놀

수렴성을 가진 폴리페놀은 떫은 맛을 내며 철과 결합하면 어두운 자색을 나타내는 차의 주요 성분이다. 폴리페놀은 단일 성분이 아니라 6종의 카테킨으로 구성되어 있으며, 차의 수색이나 맛, 향기 등에 중요한 작용을 하며 탄닌이라고도 한다. 카테킨은 화학 구조상 수산기(−OH)를 많이 가지고 있어 여러 가지 물질과 쉽게 결합하는 성질을 가지고 있다. 이러한 특성 때문에 약리작용을 나타내게 된다.

●● 카페인

차엽 중의 카페인은 1827년 오드리에 의해 발견되었으며, 처음에는 데인이라고 명명하였다. 차에 들어 있는 카페인은 대뇌 활동을 활발하게 하여 체내의 여러 기능을 원활하게 해 준다. 녹차를 우릴 때 낮은 온도로 우리기 때문에 카페인 성분이 60~70% 정도만 우러나 한 잔당 카페인 함량은 녹차가 커피보다 훨씬 적은 편이다. 그리고 찻잎에는 데오피린, 카테킨과 데아닌이 들어 있어 카페인과 결합하여 카페인이 불용성 성분이 되거나 활성이 억제되어 커피와 같은 부작용이 없다.

●● 아미노산

아미노산은 차의 감칠맛을 내는 성분으로 카페인의 쓴맛, 카테킨의 떫은 맛과 함께 차의 맛을 내는 중요한 성분이다. 차엽 중의 아미노산은 약 28종으로 구성되어 있으며 전체 아미노산의 54% 이상을 차지하는 데아닌은 감칠맛을 낼 뿐 아니라 카페인의 활성을 억제한다. 차의 아미노산은 뿌리에서 합성되어 줄기를 거쳐 잎으로 이송되는데, 잎에서 강한 햇빛을 받으면 떫은 맛을 내는 카테킨으로 변하기 때문에 햇빛을 차단하면 아미노산이 변하지 않아 감칠맛이 나므로 차광 재배하여 고급 옥로차를 만든다.

•• 비타민

찻잎 중에는 비타민 C와 토코페롤, 비타민 A, B군이 다른 식물에 비해 월등히 많다. 특히 비타민 C는 레몬에 비해 5~8배나 많아 일찍부터 괴혈병의 치료제로 이용되어 왔다. 물론 차의 발효 정도나 재배 방법에 따라 비타민 C의 함량이 다르다. 또한 녹차 중에는 콩나물에 많이 함유되어 있는 아스파라긴산이 200mg 이상 함유되어 숙취 제거에 효과적이다. 아스파라긴산 이외에도 알라닌이나 비타민 C 등의 여러 성분이 다량 함유되어 있어 탁월한 숙취 제거 효과를 나타낸다.

비타민 C 함량	종 류	증제차	덖음차	옥로차	현미차	우롱차	홍차	말 차	번 차
(단위:mg/100g)	함 량	400	380	110	75	8	0	60	150

(김종태)

•• 탄수화물

차엽에는 셀룰로오스를 포함한 여러 가지 다당류가 함유되어 있으나 대부분이 불용성이기 때문에 차를 그대로 마시는 말차를 제외하면 일반적인 음용 방법으로는 거의 섭취가 어려운 편이다. 차엽에 함유된 다당류가 혈당치를 낮추어 주는 작용이 있어 당뇨병 환자에 유익하다는 연구 결과가 발표되어 당뇨병 약으로 개발되고 있다.

•• 미네랄

찻잎 중에는 칼륨, 인, 칼슘, 마그네슘, 철, 나트륨 등 여러 가지 미네랄 성분이 5~6% 정도 함유되어 있다. 이 중 60~70% 정도가 물에 용해되며 칼륨과 인 등이 특히 풍부하다.

이 외에 망간, 구리, 아연, 니켈 등의 미량 원소도 다른 식물에 비해 많은 편이다. 충치 예방 효과가 있는 불소 성분은 차나무의 묵은 잎에 500~1000ppm, 어린 잎에는 20~40ppm이 함유되어 있다.

•• 사포닌

사포닌은 가루차를 마실 때 나는 거품의 주요 성분으로 약간의 쓴 맛과 아린 맛을 낸다. 거품을 형성하는 작용이 있기 때문에 말차를 마실 때 차선으로 저어 거품을 내어 마신다.

사포닌에는 거담 작용이나 소염 작용, 항균 작용을 하는 것으로 알려져 있다.

② 요목조목 요긴한 차의 능력

•• 뛰어난 탈취 효과

화장실 냄새가 심하거나 냉장고 냄새가 많이 날 때는 말려 둔 찻잎 찌꺼기를 작은 망에 담아 넣어 두면 탈취 효과가 뛰어나 냄새 제거에 좋다.

벽난로나 화로에 불을 일구어 해묵은 차를 태우던 조상들의 지혜도 집안의 나쁜 냄새를 없애고 습도를 조절하려는 데에서 나온 것이다.

●● 화분의 비료

차를 우리고 난 찌꺼기는 그냥 버리지 말고 화분의 비료로 사용하면 좋다. 찻잎 찌꺼기의 아미노산 이외의 성분은 물에 녹지 않고 잎에 그대로 남아 있기 때문에 차 찌꺼기를 관상수나 화분에 주면 비료 대용으로 좋은 효과를 나타낸다.

고급 화분에는 우려 마시고 난 찌꺼기를 다시
한 번 우려내어서 식힌 다음 그 물을 주어
도 역시 좋은 비료가 된다.

●● 장롱 속 곰팡이 제거

장마철이 시작되는 여름에는 집 안 곳곳에 곰팡이가 생기고 눅눅해 지기 마련이다. 습기 때문에 장롱 속이나 서랍 속의 옷에도 곰팡이가 생기기 쉽고, 곰팡이 냄새 때문에 불쾌감을 더해 준다. 이때에는 말려 둔 찻잎을 망사 주머니에 넣어 장롱 속에 걸어 두면 찻잎의 타닌 성분과 엽록소의 강력한 흡수력이 곰팡이 냄새를 없애 줄 뿐만 아니라, 은은한 향기가 옷에 베어 입을 때마다 기분까지 상쾌해진다. 또한 서랍에 말려 둔 찻잎을 골고루 펴고 종이 한 장을 덮은 후, 그 위에 옷을 보관하면 좀벌레나 곰팡이가 생기지 않고 옷의 변색도 막아 준다고 한다.

●● 카페트 청소를 쉽게

우리고 난 찻잎의 물기를 꼭 짜서 카페트 위에 고루 뿌려 둔다. 3시간쯤 후에 찻잎을 이리저리 굴려서 먼지나 세균을 흡착시킨 후, 찻잎은 청소기로 털어내고 통풍이 잘 되는 곳에 말렸다가 돌돌 말아 넣어 두면, 다음 겨울까지 깨끗하게 보관 할 수 있다.

●● 생선보관

생선 요리를 할 때 차를 넣어 만들면 녹차 안의 플라보놀 성분이 비린내를 없애고, 고기의 입자들 간의 밀착력을 더해 살이 단단해지며 생선뼈가 부드럽고 연해진다. 따라서 소화력이 높아지고 흡수가 빨라 먹을 때 맛과 촉감이 좋아진다. 생선회를 뜨기 전에도 녹차를 우린 물에 생선을 헹궈 차물에 적신 행주로 고기의 물기를 닦아 포를 뜨면 비린내도 나지 않고 차에는 포도상구균의 성장을 억제하는 기능이 있어 식중독 예방까지 한다고 한다. 생선전을 붙일 때 밀가루에 가루 차를 섞거나 붙이기 전 생선을 차물에 헹궈 물기를 없앤 후 전을 붙이면 살이 단단해져서 잘 부서지지 않고 비린내도 나지 않는다. 또 생선 졸임에 우려마신 찻잎을 넣으면 찻잎이 생선의 비린 맛을 흡수하기 때문에 훨씬 담백한 맛을 느낄 수 있다.

그리고 잘 말린 생선도 잘못 보관하면 벌레가 생길 수 있는데, 이때 말린 찻잎을 넣어 보관하면 이를 방지할 수 있다.

•• 벌레 물린 데

야외에 놀러 갔을 때, 우려 마신 찻잎을 말려 두었다가 모깃불처럼 태우면 모기
는 물론 성가시게 하는 각종 벌레들까지 얼씬하지 않는다.

뿐만 아니라, 모기나 벌레에 물렸을 때에는 찻물을 진하게 우려 물린 곳에 발라
주면 해독 작용과 진정 작용으로 붓지도 않고 독성이 쉽게 풀린다.

•• 부엌 세제로 사용

녹차를 우려 마시고 남은 찌꺼기 찻잎을 부엌 세제용으로 이용하면 차의 성분에
세균 감염을 억제해 줌으로 강물이 오염되는 것도 막고 피부를 보호해 준다. 차
의 성분 중 사포닌은 비누의 재료로도 쓰이기 때문이다. 특히 야채나 과일을 씻
을 때도 찻잎을 우렸다가 그 물로 헹궈주면 농약도 걱정 없다.

•• 돼지고기 양념할 때

돼지고기나 쇠고기를 양념할 찻잎을 함께 넣으면 차 속의 플라보놀 성분이 좋지
않은 냄새를 없애 주고, 육질도 부드러워지고 맛도 개선된다. 육류요리에 녹차
를 넣는 이유도 이것 때문이다.

•• 녹차 목욕

허브 목욕 제품이나 온천 목욕이 인기를 끌고 있으나 차 역시 입욕제로서 좋은 효과를 나타낸다. 차는 피부에 대해 수렴 작용과 항산화 작용 그리고 염증 제거 작용을 하기 때문에 차 목욕을 할 경우 피부가 부드러워지고 노폐물이 잘 빠지며 몸의 냄새도 제거된다.

차를 마시고 남은 찌꺼기나 저급차를 가제나 헝겊주머니에 넣어 욕탕에 우려서 목욕하면 차의 여러 가지 작용에 의해 녹차 미인이 된다.

Ⅳ. 녹차 다이어트

① 녹차가 다이어트에 좋은 이유

현대인들의 비만은 주로 칼로리가 높은 식사와 운동 부족에 의한 것이기 때문에, 체중 조절도 이 두 가지를 잘 고려하는 것이 좋다.

다이어트에 무엇보다 중요한 것은 살을 얼마나 빨리 빼느냐가 중요한 것이 아니고 얼마나 오래 뺀 살을 유지하냐가 중요하다는 것이다.

녹차에는 카페인, 아미노산, 비타민, 무기질 등이 들어 있다. 기름기 많은 식사를 많이 하는 중국 사람들이 날씬한 이유는 항상 차를 마시기 때문이다. 녹차가 지방을 분해해 주는 효과가 있다는 말이 나오고 나서부터 녹차에 대한 관심이 높아졌다.

한국식품과학회 주최로 열린 '제6회 국제녹차 심포지엄'에서 녹차 다이어트 효과에 대한 연구가 발표되었다.

미국 시카고대학 슈청 랴오 교수는 '녹차 카테킨의 의학적 효능-호르몬 조절과 비만 예방'이라는 논문에서 "카테킨을 실험용 쥐에 주사한 결과, 혈당과 혈중 콜레스테롤 등이 감소했고 식욕이 현저히 감소했다"고 밝혔습니다.

일본 범파대학의 스즈끼 교수의 실험에서는 녹차를 마시고 운동을 하면 에너지원으로 지방이 우선적으로 사용되므로 효과적으로 지방을 줄일 수 있다고 한다. 이러한 녹차의 지방 억제 효과는 에너지원으로서 우선적으로 지방이 사용되게 하는 작용과 카테킨 성분의 콜레스테롤이나 중성지질의 감소 효과에 의한 것이다.

•• 지방이 에너지원으로서 우선적으로 사용

녹차는 에너지원으로 우선적으로 지방이 사용되게 하는 작용을 하므로 다이어트 효과가 두 배가 된다.

1. 중성 지방이나 콜레스테롤의 체외 배출을 촉진하는 작용을 한다. 녹차의 카테킨은 체내 중성 지방이나 콜레스테롤의 체외 배출을 촉진하는 작용을 하는데, 이것은 다이어트와 밀접한 관련이 있다. 녹차의 성분인 카테킨이 혈중 저하나 지질 배설촉진 등의 작용을 함으로써 지질대사에 관여하는 것으로 밝혀져 '녹차 다이어트'의 효과가 입증된 바 있다.

2. 녹차는 무칼로리 음료이다. 녹차가 다이어트에 좋은 이유는 먼저 '무칼로리 음료'라 할 정도로 칼로리가 낮다는 점이다. 커피나 콜라 한 잔 열량이 50~100kcal인 반면 녹차는 1kcal에 불과한 무당, 저칼로리 음료이기 때문이다. 따라서 열량에 구애받지 않아 아무 때나 음용할 수 있다.

•• 변비와 부기 해결

무리한 다이어트로 인한 피부 트러블과 변비, 몸의 부기 등의 증상을 녹차로 해결할 수 있다. 녹차는 장속의 유해균을 없애 주고 장운동을 촉진시켜 다이어트로 인해 생기는 여러 가지 트러블을 자연스럽게 없애 준다.

•• 부작용이 없다

식이요법이나 약품에 의한 다이어트는 잘못하면 빈혈이나 영양실조, 탈모, 저항력 약화 등 부작용이 생길 수 있다. 그러나 녹차 다이어트는 굶으면서 하는 것이 아니기 때문에 녹차 다이어트는 오랜 기간 동안 해도 건강에 전혀 무리가 없다.

하루 1500~2300kcal의 정상적인 칼로리를 섭취하고, 적절한 운동을 한 후 하루 3잔 정도의 가루녹차만 마시면 되기 때문이다. 녹차에는 갖가지 영양소가 들어 있어, 다이어트 할 때 일어날 수 있는 영양상 불균형을 녹차로 균형을 잡아준다.

● ● 체중감소로 인한 피부노화를 막아준다

다이어트를 할 때 가장 걱정되는 것은 피부노화이다. 살이 빠지는 것은 좋지만, 갑자기 살이 빠지면 주름살이 생기고 피부가 처지는 등 부작용이 생기기 쉽다. 녹차의 떫은 맛을 내는 카테킨은 우리 몸에 유해한 활성산소를 억제하여 피부노화를 억제시킨다. 또 가루녹차는 레몬보다 5~6배나 많은 비타민 C를 함유하고 있기 때문에 피부탄력 효과, 살균 효과, 보습 효과, 미백 효과, 피부를 윤기 있고 건강하게 가꾸어 준다.

● ● 폭식, 폭음을 예방하는 데 효과적이다

녹차는 신진대사를 원활히 하고 피로회복에도 좋으며 녹차의 카페인 성분은 지구력과 기억력을 증진시키는 데 효과가 있다. 그래서 공부하는 사람이나 정신적 스트레스를 많이 받는 사람은 녹차를 자주 마시면 안정을 찾을 수 있다.
비만도 정신적 스트레스에서 오는 경우가 많으므로 녹차가 스트레스를 다스려 폭식, 폭음을 예방하는 데에도 효과적일 수 있다.

② 실전! 녹차 다이어트

● ● 요구르트 다이어트 요법

간식으로 아주 좋다. 요구르트 다이어트법은 숙변을 제거할 뿐 아니라 다이어트에 효과적이어서 자칫 과도한 다이어트로 생길 수 있는 영양실조의 위험에서 벗어날 수 있다.

오후 4시 이후 먹는 간식은 다이거트의 적이다. 하지만 출출함을 참을 수 없다면 저지방 우유나 플레인 요구르트에 가루차를 넣어 먹어 보자. 포만감을 느낄 수 있고, 열량 섭취도 적으며 배변 효과도 뛰어나 다목적 효과를 기대할 수 있다.

●● 차 목욕 다이어트 요법

목욕탕에 물을 받아 놓은 상태어서 거른망에 싼 녹차를 담가 놓는다. 따끈하게 우려 놓은 녹찻물에 몸을 담그고 스트레칭 해 준다. 무릎을 세우고 앉아 발목을 구부렸다 펴는 동작과 수건 양쪽 끝을 잡고 팔을 위아래로 올렸다 내렸다 하기를 반복하면 예쁜 몸매를 만들 수 있다.

●● 외출 전 녹차 한 잔, 워킹 요법

외출하거나 운동하기 전, 시원한 녹차를 마신다. 문을 나서면서 운동 시작. 허리를 곧추세우고 무릎을 높이 들면서 배 근육을 끌어당기듯이 걷는다. 힘들긴 하지만 올바른 자세로 걸어야 유산소 운둥이 되고, 짧은 외출이라도 효과를 볼 수 있다.

●● 녹차 마시면서 스트레칭, 업무 중 다이어트 요법

척추를 곧게 펴고 배의 근육을 긴장시켜 똑바로 앉아 있기만 해도 자세가 교정되고 뱃살이 처짐을 예방해 준다. 사무실에서 일을 할 때는 똑바른 자세에서 양다리를 아래로 쭉 펴준 다음 가슴 쪽으로 다리를 접었다 폈다 하는 동작을 12~15회 정도 실시한다. 이와 함께 커피나 과자 같은 열량 많은 음식은 피하고, 물 대신 녹차를 마신다.

●● 녹차 마시고 가볍게 운동! 잠자리 체조 요법

잠자기 전 엷게 우린 녹차를 마신다. 이때 가벼운 체조를 해 주면 다이어트 효과가 만점이다. 하늘을 보고 누워 두 발을 쭉 펴고 양 무릎을 가슴 쪽으로 당긴다. 구부린 다리를 천장으로 쭉 밀어 올렸다가 가슴에서 당기는 동작을 천천히 반복한다. 다리 부기가 빠지고 뱃살을 빼는 데 좋다.

녹차 다이어트 시 주의할 점

몸이 찬 사람은 따끈하게 마시거나 발효차를 마신다
식욕이 없거나 설사를 자주 하는 사람은 발효차가 좋으며, 녹차에는 냉한 성질이 있기 때문에 몸이 찬 사람은 특히 따끈하게 마시는 것이 좋다.

물은 눈뜨자마자, 녹차는 식후
공복에 먹어주는 물 한 잔은 변비 치료와 다이어트에 좋다. 하지만 녹차는 빈속에 마시지 말고 식후에 마실 것. 소화를 촉진하고 지방 연소까지 도와 뱃속에 과다한 지방이 쌓이는 걸 막아준다.

③ 녹차 다이어트 성공시키는 방법

●● 식이요법과 운동을 병행한다

원하는 양만큼 먹고, 운동은 하지 않으면서 녹차로만 살이 빠진다고 생각하면 잘못된 생각이다. 녹차를 마시면서 식이요법과 운동을 함께 하지 않으면 다이어트 효과를 기대하기 힘들다. 녹차는 식사량을 조절하고 유산소 운동과 병행하면 효과가 커지므로 운동을 하면서 꾸준히 마셔야 한다.

●● 마시고 바르고 먹으면서 건강하게 살뺀다

힘들게 운동하지 않아도, 쪼르륵 소리 참아가며 굶지 않아도, 모델처럼 살이 쏙쏙 빠지는 다이어트를 원한다면 녹차가 모든 문제를 해결해 준다. 녹차는 마시고 바르고 음식에 넣어 먹는 것만으로도 효과가 있다.

•• 운동하기 전에 마셔야 효과 있다.

녹차 마시고 운동하면 곧바로 체지방 연소가 시작된다. 이온 음료처럼 30분을 기다릴 필요도 없다. 운동하기 전엔 꼭 녹차를 마셔주자. 가루차 1스푼을 넣은 다음, 찻사발에 물을 붓고 거품이 나도록 저어 마신다.

•• 이온 음료에도 적절하게 타 먹으면 갈증 해소 탁월하다

운동과 병행하는 녹차 다이어트에는 이온 음료가 필수적이다. 갈증이 심하게 날 때는 이온 음료에 가루녹차를 섞어 흔들어 마신다. 갈증이 멈출 뿐 아니라 입 안이 상쾌해지며 몸 속으로의 흡수율도 높아져 효과 만점이다.

•• 하루 세 번 이상 꾸준히 마신다

녹차로 다이어트를 할 때는 하루에 세 번 이상 10잔 정도, 식후에 마시는 것이 효과적이며 6개월 이상 꾸준히 마셔야 한다. 또 운동 전후에 마시면 지방축적을 억제하는 동시에 지방연소를 도와주기 때문에 더욱 효과가 높다.

•• 차의 종류마다 마시는 방법이 따로 있다

찻잎으로 마실 경우에는 진하게 우려내어 하루 4~5번 마신다. 티백일 경우, 물을 끓인 후 70℃ 정도로 미지근하게 식힌 다음 티백을 넣고 진하게 우려나면 마신다. 가루녹차를 이용할 경우에는 가루녹차 1작은술을 넣은 후 뜨거운 물을 붓고 차선으로 저어 거품이 일면 마신다. 특히 찻잎을 우려 마시는 것보다 가루차를 물에 타먹는 것이 녹차의 섬유질과 비타민 A 섭취에 효과적이다.

•• 다른 음식에 넣어 먹는다

찻잎 또는 가루녹차를 밥이나 육류, 라면 등 기름진 음식을 요리할 때 넣어서 요리하면 지방을 분해한다. 음식에 넣어 함께 먹으면 녹차의 떫은 맛은 없어지고, 음료수나 셰이크, 아이스크림을 먹을 때 가루녹차를 섞어 흔들어 먹거나 저어 마신다.

녹차를 효과적으로 마시는 법

🍃 차를 바로 여러 번 우려 마시지 못하고 두었다 마실 경우, 잘 우러나라고 미리 물을 부어 놓치 말고 다관의 물을 완전히 없앴다가 마시기 전에 따끈한 물을 부어 마신다.

🍃 차의 주요한 약리작용을 하는 카테킨은 일조량을 많이 받은 저급차에 더 많으며 불소도 묵은 잎이 새잎보다 20배나 더 많다.

🍃 우전차는 햇차 나올 때 마시고 주로 따끈하게 중작을 즐겨 마신다. 우전차는 감칠맛은 있으나 결이 삭은 쌉쌀한 깊은 맛은 중작에서 느껴진다. 1년 내내 고급 우전차만 마시는 것이 좋은 차를 마시는 것이 아니라 절기에 맞춰 마시는 것이 차를 잘 마시는 것이라 생각된다.

🍃 고급차와 특히 말차는 차잎 전체를 섭취하므로 정신을 맑게 하여 수험생에게 좋다.

🍃 우전차나 명전차는 특히 여름 장마철이 지나면 맛이 떨어져 일찍 먹는 것이 좋다.

좋은 차란 차를 맛있게 먹을 수 있어야 하는데 고급차는 예민하여 제 맛을 내기가 어려워 많은 사람이 마실 때는 적합하지 않으며, 카페인이 많아 어린아이나 잠이 잘 오지 않는 사람에게는 적합하지 않다.

V. 웰빙라이프를 위한 녹차 즐기기

1 녹차 맛있게 우려 마시는 방법

차의 맛과 향은 찻잎 속에 함유되어 있는 화학성분의 복합적인 작용에 의해 특

> 웰빙(Well-Being)의 사전적 의미는 '복지·안녕·행복' 이다. 우리말로는 '참삶살' 이라고 한다. 육체적·정신적 건강의 조화를 통해 행복하고 아름다운 삶을 추구하는 삶의 유형이나 문화를 통틀어 일컫는 개념으로 풍요를 누리지만 삶의 질을 더 중시하는 사람들이 웰빙족이다.

유의 향과 맛을 낸다. 차는 기호 식품이기 때문에 맛에 대한 기준은 개인에 따라서 각각 다르므로 먼저 차의 맛을 알고 난 뒤 차의 맛에 영향을 주는 여러 인자를 고려해서 차 우려내는 것이 바람직하다.

차맛은 차의 종류, 물의 선택, 우리는 물의 온도, 차를 우리는 시간, 차의 양과 물의 양의 비례, 다구의 종류에 따라 달라진다.

•• 물의 선택과 물 끓이기

🍃 차는 99.6%가 물이기 때문에 물에 따라 차의 맛이 변한다.

🍃 가장 좋은 물은 바위 사이를 흘러나오는 샘물이고, 다음은 생수이다.

🍃 만약 수돗물을 사용할 경우는 5분 이상 끓여야 염소를 포함한 냄새가 날아간다.

🍃 찻물은 너무 세지 않은 불로 충분히 끓여 줘야 한다.

🍃 충분히 끓지 않은 물은 커피가 잘 풀어지지 않는 이치와 같아 차가 제대로 우러나지 않는다.

•• 물의 온도와 차를 우리는 시간

🌿 차의 종류에 따라 우리는 물의 온도가 다르다.

🌿 같은 차라도 물의 온도에 따라 우러나는 성분이 달라 차의 맛이 달라진다.

🌿 고급차는 아미노산이 많아 감칠맛이 나고 저급차는 카테킨이 많아 떫은 맛이 강하다.

🌿 증제차는 덖은차에 비해 물의 온도가 낮고, 고급차일수록 물의 온도가 낮다.

🌿 우전차는 60℃, 세작은 70℃, 중작은 80℃ 정도의 온도가 적당하다.

🌿 차맛이 쓰고 떫으면 차가 좋아하는 물의 온도보다 높았기 때문이다.

•• 좋은 차의 선택

🌿 우전차만을 좋은 차라고 고집하는 경우가 있다. 그러나 때와 장소에 맞는 차를 선택하는 것이 더욱 중요하다.

🌿 우전차는 겨울 지나 묵은차만 마시던 중 만나는 여리고 부드럽고 싱그러운 햇맛이다.

🌿 우전차 다음 세작을 마시다가 가을되면 여름 동안 결이 삭은 따끈한 중작의 깊은 맛 또한 일품이다. 우전차만 고집하는 것은 비닐하우스의 여린 시금치 맛만 알고, 노지시금치의 맛을 모르는 것과 같다.

차와 다식 먹기

🌿 먼저 두 손으로 찻잔을 잡는다.

🌿 오른손으로 잔을 옮겨 잡고 왼손은 찻잔을 받친다.

🌿 찻잔을 들어 차의 색(色)을 감상하고, 차의 향(香)을 맡고, 천천히 입안에서 차를 굴려 맛(味)을 음미하며 마신다.

🌿 잎차는 차를 한 잔 마신 후 다식을 먹고, 말차는 다식 먼저 먹고 말차를 마신다.

어린 찻잎일수록 카페인, 아미노산이 많고 굵은 찻잎일수록 탄소동화작용에
의해 폴리페놀이 많아진다. 불소의 함유량도 묵은잎이 20배나 많다.

② 다도에 관하여

•• 전통적 의미의 다도

다도의 의미는 찻잎 따기에서 차를 우려 마시기까지의 몸과 마음을 수련하여 덕
을 쌓는 행위로 행위의 반복 수련이라 할 수 있다. 반복 수련하여 차가 지니고 있
는 본연의 맛, 향기, 빛깔을 나타내게 되면 덕을 쌓는 도의 경지에 이르렀다고 말
할 수 있는 것이다.

우리나라의 차는 불교의 승려들과 유교의 유생들과 도교의 도학자들 사이에서
주로 마셔졌다. 사원의 승려들은 선(禪)사상에 차를 끌어들여 같은 경지에 승화
시켰으며, 유교의 유학자들은 그들의 윤리의식에 차를 유입하여 다례의식(茶禮
儀式)을 제정하였으며, 도가(道家)의 사상가들은 자연과 합일하려는 신선사상에
의하여 풍류 정신세계를 즐겼다. 즉, 차는 선(禪)이고, 멋이며, 절개였다.

•• 명원다례

다례(茶禮)는 사람 · 신 · 부처님에게 차를 올리는 예를 말한다. 다례는 신라 · 고
려 · 조선왕조의 조정에서 이웃나라의 사신을 영송하는 다례와 왕실의 궁중 다
례가 거행되었다. 또한, 유 · 불 · 도교의 종교적인 제례의미의 다례, 일상생활에
서 예를 갖추어 손님을 대접하는 접빈다례가 있었다. 명절 때 제사지내는 것도
차례(茶禮)라 하였다.

우리나라 전통다례법으로 서울시 중요무형문화재 제27호이며, 글 쓰는 이가 속

해 있는 명원문화재단의 명원 예법을 소개하고자
한다.

명원 선생은 2000여 년의 역사를 갖고 있는 고유
의 우리 예절과 한국 전통다례를 복원하고자 궁중
의 상궁과 여러 학자를 모시고 옛 자료를 모아 정
리 연구하여 1979년 녹약제에서 학술대회를 열었
으며, 다구 제작과 한국 차 문화의 예식을 완성하
여 궁중다례, 사원다례, 접빈다례, 생활다례법 등
최초로 1980년 세종문화회관에서 「한국 전통의식
다례 발표회」를 하였다. 명원 선생은 다선맥인 칠

서울시 중요무형문화재 제27호
궁중 다례 보유자 김의정 선생

불선원과 해남 대흥사 일지암(一支庵)의 복원 불사에 참여하였으며 국민대학에
일지암과 같은 초당과 다실을 지어 후손의 다례 교육과 전통예절을 추구하였다.
정부에서는 한국 차문화의 복구라는 업적으로 명원 김미희 선생께 보관문화훈
장을 수여하였다.

명원문화재단은 김의정 선생께서 한국 고유의 다례를 재정립하여 점점 찾기 힘
들어지는 한국 고유의 예절을 복원하고, 바른 마음을 찾아 바른 가정과 사회를
이루어 나라를 발전시키고자 했던 어머니 명원 선생님의 뜻을 기려 설립한 단체
이다.

김의정 선생은 명원 선생님의 뜻을 이어 다례문화를 연구, 보급하던 중 「서울시
중요무형문화재 제27호 궁중다례보유자」가 되었으며 우리나라에서 다례문화가
처음으로 무형문화재로 인정받은 것으로 큰 의미가 있다.

•• 다찬회(茶餐會, 한국식 티파티)

흔히 차는 조용하고 품위있게 소수의 인원으로만 마셔야 하는 것으로 인식하고 있다. 그러나 때로는 많은 인원의 티파티도 우리 한국식의 녹차로 할 수 있다. 예를 들면, 조선일보 미술관에서 이중섭상 시상식 후에, 상암경기장 귀빈홀에서 히딩크 감독의 출판기념 사인회 후에 녹차와 다식으로 티파티를 하여 호평을 받기도 하였다.

상차림 사진

잎차 우리는 순서 (명원잎차다례)

1. 다관뚜껑을 열고 탕관의 물을 숙우→다관→찻잔 순으로 따라 예온한다.
2. 숙우에 물을 따라 놓는다.
3. 다관에 차를 넣는다.
4. 알맞게 식은 숙우의 물을 다관에 붓고 뚜껑을 덮는다.
5. 예온한 찻잔의 물을 퇴수기에 버리는 동안 차는 우러난다.
6. 다관의 차를 맨 윗잔부터 아래로, 다시 아래부터 위로 2번에 나누어 따르면 차의 농도가 같아진다. 평상시는 2번에 나누어 따르고 의례 때는 3번에 나누어 따른다.)
7. 잔받침에 찻잔을 올려서 왼쪽으로 손님에게 차를 낸다.
8. 두 번째, 세 번째 차를 우린 것은 숙우에 담아 돌린다.

말차(가루차) 접다법 (명원말차다례)

1. 탕관에 물을 다완에 따른다.
2. 차선을 들어 다완에 넣고 저은 다음, 차선을 차선대에 내려 놓는다.
3. 다완을 들어 예온한 후 퇴수기에 물을 버리고 제자리에 놓는다.
4. 행주를 들어 다완에 넣고 다완을 닦은 다음 행주를 접어 제자리에 놓는다.
5. 오른손으로 차호를 들어 왼손 바닥에 놓고 뚜껑을 연다.
6. 차시를 들어 다완에 차를 넣고 차호를 제자리에 놓는다.
7. 탕관의 물을 다완에 붓고 차선을 들어 격불한다.

Ⅵ. 향기로운 영양 덩어리, 녹차 요리 16가지

1. 녹차 양갱

2. 녹차 메작과

3. 차약밥

4. 차나물 무침

5. 녹차 라면

6. 녹차 돼지갈비찜

7. 가루차 셰이크

8. 홍차 돼지고기 장조림

9. 가루차 메편

10. 녹차 칼국수

11. 녹차 만두

12. 녹차 송편

13. 차잎 달걀말이

14. 차다식

15. 찻잎 해물전

16. 차나물 영양밥

1. 녹차 양갱

이러한 재료가 필요해요~

한천(불린 것) 1컵, 설탕 1컵,
가루차 2작은술, 물 1⅓컵

❶ 설탕에 가루차를 넣고 섞어 말차설탕을 만든다.
❷ 불린 한천에 물 1컵을 부어 주걱으로 저으면서 끓여 완전히 녹으면 설탕을 넣는다.
❸ 네모난 틀에 물을 바르고 ②를 붓고 굳힌다.
❹ 칼에 물을 묻혀 자르거나 예쁜 모양 틀로 찍어 가운데 잣을 박아 모양낸다.

1. 설탕에 가루차를 섞는다.

2. 모양틀로 찍어낸다.

2. 녹차 메작과

이러한 재료가 필요해요~

밀가루 1컵, 가루차 1작은술, 소금 약간,
생강즙 1큰술, 잣가루 1큰술,
설탕 · 물 1컵, 계피가루 1큰술,
튀김기름 3컵

❶ 밀가루, 가루차, 소금을 고운 체로 친 다음 생강즙과 물을 부어 말랑말랑하
게 반죽한다.

❷ 반죽을 두께 0.3cm , 길이 5cm, 폭 2cm 자른 후 가운데 칼집을 세 번 넣은
다음 칼집 가운데로 끝을 밀어 넣어 모양을 만든다.

❸ 시럽은 설탕과 물을 젓지 말고 서서히 끓여 불에서 내린 다음 계피가루를
넣고 젓는다.

❹ 150°C 정도의 기름에 3을 넣어 갈색이 나도록 서서히 튀겨낸 후 먹기 직전
에 시럽에 담갔다가 잣가루를 뿌려 낸다.

1. 칼집을 세 번 넣는다.

2. 칼집 가운데로 끝을 밀어 넣어 모양을 만든다.

3. 차약밥

이러한 재료가 필요해요~

찹쌀 5컵, 밤 10개, 대추 10개, 잣 1/2컵,
가루차 3작은술, 설탕 3컵, 소금 약간

❶ 김이 오른 찜통에 젖은 베보자기를 깔고 불린 찹쌀과 밤을 넣어 찐다.
❷ 찹쌀이 쪄지면 넓은 그릇에 담고 먼저 가루차, 설탕을 넣고 버무린다.
❸ 대추와 잣을 섞어 다시 한 번 찐다.

1. 가루차, 설탕을 붓고 버무린다.

2. 대추나 잣을 넣는다.

3. 찜통에 다시 찐다.

4. 차나물 무침

이러한 재료가 필요해요~

우린 찻잎 한 줌,
참기름 · 소금 · 다진 마늘 · 깨소금 ·
고추장 · 설탕 약간

❶ 찻잎을 소금으로 간을 하고 참기름, 다진 마늘, 깨소금을 넣어 무친다.
❷ 찻잎을 고추장으로 간을 하고 설탕 약간, 다진 마늘, 깨소금을 넣고 무친다.

나물로 바로 먹을 수 없으면 고추장과 물엿을 섞은 후 찻잎과 버무려 병에 넣어 냉장 보
관하면 찻잎장아찌가 된다. 비빔밥의 양념고추장으로 먹어도 좋다.

1. 찻잎에 마늘을 넣는다.

2. 참기름을 넣는다.

3. 깨소금을 넣는다.

5. 녹차 라면

이러한 재료가 필요해요~

라면 1개, 파 1/8개, 우려 마신 찻잎 약간

❶ 냄비에 물 2컵을 넣고 끓인다.

❷ 물이 끓으면 스프를 먼저 넣고 끓인다. 라면을 넣고 젓가락으로 저어 주어
야 쫄깃하고 맛있는 면이 된다.

❸ 라면을 끓일 때 파와 함께 찻잎을 넣으면 기름기와 느끼한 맛을 없애 주어
맛이 개운해진다.

라면을 끓일 때는 라면의 오목하게 들어간 부분을 밑으로 가도록 넣고 끓이면 빨리 끓어
면이 더욱 맛있게 된다.

1. 라면에 파를 넣는다.

2. 찻잎을 넣는다.

3. 그릇에 예쁘게 담는다.

6. 녹차 돼지갈비찜

이러한 재료가 필요해요~

돼지갈비 600g, 우린 찻잎 3큰술,
다홍고추 2개, 양파 1개, 당근 1/2개,
밤 5개, 간장 6큰술, 설탕 2큰술,
파 1뿌리, 마늘 1통,
생강 · 참기름 · 후추 약간

❶ 돼지갈비는 5cm 정도로 잘라 잔 칼집을 넣는다.
❷ 간장에 설탕, 파, 마늘, 생강을 다져 넣고 물을 조금 부어 양념장을 만든다.
❸ 냄비에 기름을 두른 후 다홍고추와 갈비를 넣어 노릇하게 지져서 익힌다.
❹ ❸에 ❷를 넣고 센 불로 익히다가 중불에 익히면서 우린 찻잎, 양파, 당근,
　밤등을 넣고 익힌다.
❺ 찻잎을 넣으면 고기의 잡냄새를 없앨 뿐만 아니라 육질도 부드러워지고
　소화에도 이롭다. 이때는 우전이나 세작보다는 중작의 찻잎이 좋다.

1. 다홍고추와 갈비를 넣어 노릇하게 지진다.

2. 양념장을 붓는다.

3. 찻잎, 양파, 당근 등을 넣고 익힌다.

7. 가루차 셰이크

이러한 재료가 필요해요~

가루차 1작은술, 우유 1컵, 꿀 적당량

❶ 우유에 가루차를 넣는다.
❷ 우유에 꿀을 넣는다.
❸ 믹서로 섞는다.

우유 대신 야쿠르트도 좋다. 녹차 대신 백년초가루를 섞으면 핑크빛 셰이크가…
녹차와 백년초 고두 몸에 좋고 청·홍의 색도 예쁘게 어울리므로 특별한 때 두 잔을 나란
히 준비하면 좋겠다.

1. 우유에 가루차를 넣는다.

2. 우유에 꿀을 넣는다.

3. 믹서로 섞는다.

8. 홍차 돼지고기 장조림

이러한 재료가 필요해요~

달걀 5알, 돼지고기 아롱사태 300g,
마늘 1통, 홍차 2컵, 간장 1컵

❶ 고기를 손질하고 달걀을 삶아 껍질을 벗겨 놓는다. 돼지고기는 먼저 삶아
익히는데 이때 우린 녹찻잎을 넣으면 잡냄새도 없어지고 육질도 부드러워
진다.
❷ 간장에 홍차를 붓고 끓으면 고기, 마늘, 삶은 달걀을 넣고 조린다.

1. 고기를 손질하고 재료를 준비한다.

2. 간장에 홍차, 설탕 등을 넣는다.

3. 간장에 재료를 모두 넣고 끓인다.

9. 가루차 ▪예편

이러한 재료가 필요해요~

쌀가루 6컵, 설탕 1/2컵, 말차 6작은술,
대추 1개, 잣 16개

❶ 멥쌀가루, 말차가루, 설탕을 섞어 체에 두세 번 내린다. 여러 번 내릴수록 카
스텔라처럼 부드럽다.

❷ 찜통에 젖은 보나 한지를 깔고 녹두고물을 깐 후 체에 내린 가루를 얹고 위
에 대추와 잣, 호박씨 등으로 장식하고 김이 오르면 얹는다.

❸ 뚜껑을 덮고 30분 정도 찐 후 익었으면 불을 끄고 5분쯤 뜸을 들여 꺼내어
식은 후 썰어 낸다.

떡을 예쁘게 썰으려면 떡을 찌기 전 찜통에 가루를 넣었을 때 칼로 자국을 내면 찐 후에
그대로 잘라진다.

1. 찌기 전에 칼로 자국을 낸다.

10. 녹차 칼국수

이러한 재료가 필요해요~

밀가루 2컵, 콩가루 1/2컵, 애호박,
가루차 2작은술, 멸치 10개, 북어포 20g,
다시마 · 다진 마늘 · 국간장 약간,
달걀 황백 지단, 소금 약간

❶ 밀가루에 콩가루, 가루차, 소금을 섞어 체에 내려 반죽해 두었다가 밀어
썬다.
❷ 멸치, 북어, 다시마를 망주머니에 넣어 국물을 우려내고 꺼낸다.
❸ 애호박은 채 썰어 소금에 절였다가 마늘을 넣고 살짝 볶아낸다.
❹ ②의 국물이 끓으면 ①의 국수를 넣고 국수가 투명해지면 마늘을 넣고 소금
과 국간장으로 간을 한다.
❺ 그릇에 녹차 칼국수를 담고 호박과 달걀 지단을 얹어낸다.

1. 가루차를 넣어 반죽하여 국수를 준비한다.

2. 준비한 국물이 끓을 때 준비한 국수를 넣고
끓인다.

3. 애호박과 달걀 지단을 준비한다.

11. 녹차 만두

이러한 재료가 필요해요~

만두피 : 밀가루 2컵, 가루차 2작은술,
　　　　소금 약간
만두소 : 표고버섯 5개, 파 1뿌리,
　　　　두부1모, 돼지고기 150g, 부추,
　　　　생강즙 1/2작은술, 달걀 1개,
　　　　후추 · 참기름 · 초간장 · 소금 약간

❶ 밀가루에 가루차, 소금을 섞어 체에 내려 반죽하여 만두피를 빚는다.
❷ 두부는 으깨어 물기를 꼭 짜고, 표고버섯은 물에 불린 후 다져서 소금 간을
　하여 볶는다.
❸ 돼지고기, 부추, 파, 두부, 버섯, 달걀을 넣고 잘 섞어 소금, 후추로 간을 맞
　추고 참기름을 쳐서 만두소를 만든다.
❹ 만두피에 소를 넣어 예쁘게 만들어 김이 오른 찜통에 넣어 찐다.
❺ 익은 만두를 그릇에 담고 초간장을 곁들여 낸다.

1. 준비한 소에 달걀을 넣고 버무린다.

2. 만두피에 소를 넣고 만두를 예쁘게 빚는다.

12. 녹차 송편

이러한 재료가 필요해요~

멥쌀가루 3컵, 가루차 3작은술,
소금 약간, 솔잎 적당량,
깨소금 · 설탕 약간

❶ 멥쌀가루에 말차와 소금을 넣고 체로 쳐서 익반죽한다.
❷ 깨소금에 설탕을 넣어 송편소를 만든다.
❸ 송편을 빚어 찜통에 솔잎을 깔고 찐다.

치자나 백년초 등을 넣어 여러 가지 색을 내어도 좋다.

1 송편을 동그랗게 빚어 소를 넣는다.

13. 차잎 달걀말이

이러한 재료가 필요해요~

달걀 4개, 우린 찻잎 한 줌, 소금 약간

❶ 달걀에 소금을 넣고 체에 내린다.

❷ 우린 찻잎을 꼭 짜서 다진다. 이때는 우전이나 세작이면 더 좋다.

❸ 달걀물에 우린 찻잎을 넣는다. 이때 호박을 다져서 넣거나 새우를 다져 넣어도 좋다.

❹ 사각 팬에 기름을 두르고 달걀을 부어 두껍게 말아 놓는다.

❺ 먹기 좋은 크기로 썰어 접시에 담는다.

1. 달걀을 여러 번 말아 두툼하게 부친다.

2. 크기가 똑 고르게 썬다.

14. 차다식

이러한 재료가 필요해요~

흰콩가루 1컵, 가루차 1작은술,
송화가루 1컵, 흑임자가루 1컵,
물 1컵, 설탕 1컵, 꿀 1컵

❶ 설탕시럽을 만든 뒤 꿀을 섞어 집청을 만든다.
❷ 잘 볶아 가루 낸 흰콩가루에 가루차를 섞어 체에 친다.
❸ ②에 ①을 넣고 반죽하여 동그랗게 만들어 다식판에 랩을 깔고 꼭꼭 눌러
밖아낸다.
❹ 콩가루는 물을 많이 먹어 꿀만 넣으면 너무 달고, 송화가루와 흑임자는 꿀
만 넣어야 입에서 부드럽게 녹는다. 흑임자는 기름이 나므로 꿀을 아주 적
게 넣는다.

콩가루에 백년초가루를 넣으면 분홍빛 다식이 된다.

1. 콩가루에 집청을 넣어 반죽한다.

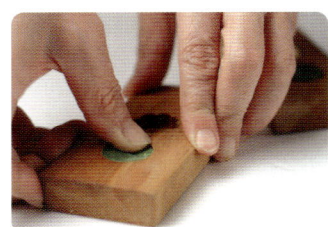

2. 다식판에 유니랩을 깔고 반죽한 다식을 동그
랗게 만들어 다식 틀에 넣고 꼭꼭 눌러 모양
을 만든 후 유니랩을 들어낸다.

15. 찻잎 해물전

이러한 재료가 필요해요~

밀가루 2컵, 우린 찻잎 한 줌,
오징어 1마리, 새우 20개, 달걀 1개,
홍고추 1개, 소금 · 깨소금 약간

❶ 젖은 차잎을 소금, 깨소금에 무친다.
❷ 물오징어, 새우, 홍고추는 깨끗하게 손질하여 같은 크기로 준비한다.
❸ 밀가루에 소금을 넣고 체로 친 다음 달걀과 물을 넣어 반죽한다. 이때 멥쌀
　가루를 넣어도 좋다.
❹ ③에 ①②를 넣고 팬에 기름을 두르고 지져낸다.

찻잎과 해산물을 섞어 지져낸 전은 식욕을 돋구어 주는 초여름 별식으로 좋다.
반죽할 때 밀가루에 녹차가루를 넣으면 연두빛 부침이 된다.

1. 재료를 준비한다.

2. 오징어, 새우 등은 반죽과 같이 넣어 지진다.

3. 마지막에 찻잎을 고명으로 얹는다.

16. 차나물 연냡밥

이러한 재료가 필요요요~

쌀 2컵, 소고기 50g, 우린 찻잎 2큰술,
표고버섯 2개, 당근 1/4개, 은행 5알

❶ 소고기, 표고버섯, 당근을 잘게 썰어 준비하고 소고기는 양념하여 둔다.
❷ 솥에 참기름을 두르고 소고기, 표고버섯, 당근을 넣어 볶다가 쌀을 넣고
   찻물을 붓고 밥을 짓는다.
❸ 밥이 뜸들 때쯤 찻잎과 은행을 넣고 뜸을 들인 후 양념장과 곁들여 낸다.
❹ 차밥을 지을 때는 물을 조금 적게 붓고, 찻잎은 우전이나 세작이 좋다.

1. 찻물을 부어 밥을 짓는다.

Green tea

3색 파워 푸드 토마토, 마늘, 녹차

2005년 9월 20일 1판1쇄 발행

Director

글쓴이	전도근 · 안미숙 · 이현숙 공저
펴낸이	이종춘
펴낸곳	◎ 성안당 (com)
주 소	경기도 고양시 일산구 장항동 596-1
전 화	02-847-6294
팩 스	02-844-8177
등 록	1973. 2. 1. 제13-12호
독자상담서비스	080-544-0511
홈페이지	www.cyber.co.kr

ISBN 89-315-7161-5
정가 10,800원

Product

기획 진행	김현수 khs@cyber.co.kr
편집 진행	아이템북스 item0909@nate.com
표지	엘디자인 L.design2002@korea.com
북 디자인	수미 ssoomi@naver.com

이 책의 내용에 대한 문의는 free@kangnam.ac.kr